家装常用数据尺寸速查

JIAZHUANG CHANGYONGSHUJU
CHICUN SUCHA

阳鸿钧 等编著

 化学工业出版社
·北京·

本书主要对家装数据尺寸中的重点、难点、盲点进行逐一列举并用图表方式进行讲解。本书主要内容包括装修数据尺寸概述，门、窗数据与尺寸，柜橱类、吧台数据与尺寸，桌椅、茶几、床数据与尺寸，开关、插座、灯具数据与尺寸，电气、设备数据与尺寸，水暖管材及其设备、设施数据与尺寸和其他数据与尺寸。本书内容全面，对家装常用数据与尺寸用图的方式标示出来，让读者一目了然地知道相关数据与尺寸的来龙去脉，帮助读者加深印象。

本书可供装饰工程施工人员、设计人员、监督监理人员参考，也可供社会青年、进城务工人员、相关院校师生、培训学校师生等参考阅读。

图书在版编目（CIP）数据

家装常用数据尺寸速查/阳鸿钧等编著. —北京：化学工业出版社，2018.7（2022.1重印）
ISBN 978-7-122-32101-5

Ⅰ.①家… Ⅱ.①阳… Ⅲ.①住宅-室内装修-数据 Ⅳ.①TU56

中国版本图书馆 CIP 数据核字（2018）第 092910 号

责任编辑：彭明兰
责任校对：秦 姣　　　　　　　　　装帧设计：王晓宇

出版发行：化学工业出版社(北京市东城区青年湖南街 13 号 邮政编码 100011)
印　　刷：北京京华铭诚工贸有限公司
装　　订：三河市振勇印装有限公司
880mm×1230mm　1/32　印张 9　字数 206 千字
2022 年 1 月北京第 1 版第 10 次印刷

购书咨询：010-64518888　　　　　　售后服务：010-64518899
网　　址：http://www.cip.com.cn

定　　价：45.00 元　　　　　　　　　版权所有　违者必究

前　言

在家居设计、选材、施工、监督等工作中，数据与尺寸一直是很重要的参数，它体现了装饰装修的精准性，也是家装人员必备的常识。数据与尺寸不仅影响着日常生活的习惯，更影响空间美感与舒适感，甚至是安全性。试想，遇到床买好了，发现卧室放不下，能说不麻烦吗？因此，数据与尺寸是判断工程低劣、合格、优良等级别的标准。

装修内行与外行的差异、经验丰富与初步入门的比较，很大程度上在于对数据尺寸的掌握与灵活运用的差异。如果业主了解一些数据与尺寸的知识，还可以对在装修中企图蒙混过关的人员起到震慑作用，在验收时也能做到心中有数、验收无忧。在家装中，常用的数据尺寸众多而烦杂，因此需要有一本能将这些烦杂的数据进行归类并能快速查找的图书，基于此，特编写了本书。

本书主要对家装数据尺寸中的重点、难点、盲点进行逐一列举并用图表的方式进行讲解，具体特点如下。

1. 内容全面。把家装基础、识材、选材、用材、设计、施工、监督、功能间的知识与其有关数据尺寸融合介绍，全面而细致。

2. 易学易记。对家装常用数据尺寸用图的方式标示出来，让读者知道这些数据尺寸设置的原因和道理。

3. 一目了然，通过"技巧一点通"的方式告知常用数据尺寸，让读者加深印象。

　　本书由阳鸿钧、阳育杰、阳许倩、杨红艳、许秋菊、欧小宝、许四一、阳红珍、许满菊、许应菊、唐忠良、许小菊、阳梅开、阳荀妹、唐许静、欧凤祥、罗小伍、许鹏翔等人员参加编写或支持编写。

　　本书在编写中除了书后参考文献外，还参考了其他相关人士的相关技术资料，由于一些原因没有在参考文献中列举，在此一并向他们表示感谢。

　　由于时间有限，书中难免存在不足之处，敬请广大读者批评指正。

编　者

2018 年 6 月

目　录

第 1 章　装修数据与尺寸概述

第2章 门、窗数据与尺寸

第3章 柜橱类、吧台数据与尺寸

第4章　桌椅、茶几、床数据与尺寸

第5章 开关、插座、灯具数据与尺寸

第6章 电气、设备数据与尺寸

第7章　水暖管材及其设备、设施数据与尺寸

第8章　其他数据与尺寸

主要参考文献

第 **1** 章
装修数据与尺寸概述

1.1 人体工程学与室内尺寸

1.1.1 人体尺度

1.1.1.1 基本知识

人体工程学又称为人体工学、人类工程学。人体工程学是探讨人与环境尺度间关系的一门学科。人体工程学通过对人类自身生理、心理的认识，以及将有关的知识应用在有关的设计中，从而使环境适合人类的行为与需求。

对于室内装修而言，人体工程学的主要研究内容就是数据与尺寸。优化人类环境的相关数据与尺寸，必须首先了解人体有关尺度。人体尺度，也就是人体在室内完成各种动作时的活动范围的数据与尺寸。掌握人体尺度，先需要了解人体结构（图1-1）。

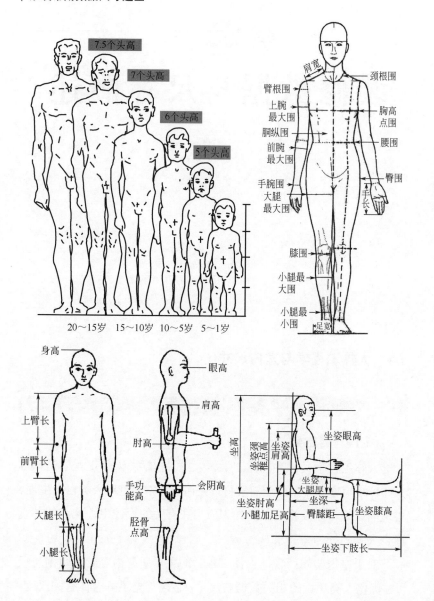

7.5个头高

7个头高

6个头高

5个头高

20～15岁　15～10岁　10～5岁　5～1岁

肩宽

臂根围
上腕
最大围
胴纵围
前腕
最大围
手腕围
大腿
最大围

颈根围

胸高
点围

腰围

臀围

手长

膝围

小腿最
大围

小腿最
小围

足宽

身高

上臂长

前臂长

大腿长

小腿长

眼高

肩高

肘高

手功
能高

胫骨
点高

会阴高

坐高

坐姿颈
椎点高

坐姿眼高

坐姿
肩高

坐姿
大腿厚

坐姿肘高
小腿加足高

坐深

臀膝距

坐姿膝高

坐姿下肢长

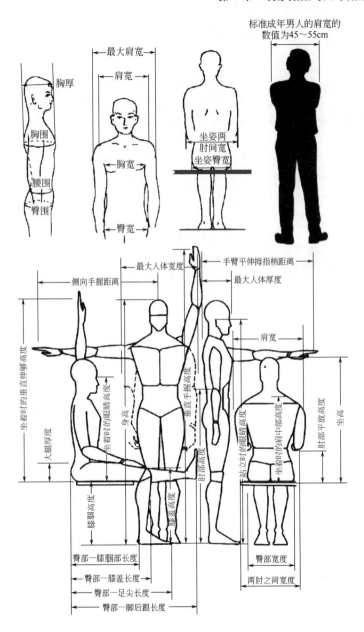

图 1-1　人体结构图

我国成年人体主要参考尺度见表 1-1～表 1-8。

表 1-1　我国成年人体主要参考尺度（男）

测量项目＼年龄分组＼百分位数	18～60 岁							18～25 岁						
	1	5	10	50	90	95	99	1	5	10	50	90	95	99
身高/mm	1543	1583	1604	1678	1754	1775	1814	1554	1591	1611	1686	1764	1789	1830
体重/kg	44	48	50	59	71	75	83	43	47	50	57	66	70	78
上臂长/mm	279	289	294	313	333	338	349	279	289	294	313	333	339	350
前臂长/mm	206	216	220	237	253	258	268	207	216	221	237	254	259	269
大腿长/mm	413	428	436	465	496	505	523	415	432	440	469	500	509	532
小腿长/mm	324	338	344	369	396	403	419	327	340	346	372	399	407	421
测量项目＼年龄分组＼百分位数	26～35 岁							36～60 岁						
	1	5	10	50	90	95	99	1	5	10	50	90	95	99
身高/mm	1545	1588	1608	1683	1755	1776	1815	1533	1576	1596	1667	1739	1761	1798
体重/kg	45	48	50	59	70	74	80	45	49	51	61	74	78	85
上臂长/mm	280	289	294	314	333	339	349	278	289	294	313	331	337	348
前臂长/mm	205	216	221	237	253	258	268	206	215	220	235	252	257	267
大腿长/mm	414	427	436	466	495	505	521	411	425	434	462	492	501	518
小腿长/mm	324	338	345	370	397	403	420	322	336	343	367	393	400	416

表 1-2　我国成年人体主要参考尺度（女）

测量项目＼年龄分组＼百分位数	18～55 岁							18～25 岁						
	1	5	10	50	90	95	99	1	5	10	50	90	95	99
身高/mm	1449	1484	1503	1570	1640	1659	1697	1457	1494	1512	1580	1647	1667	1709
体重/kg	39	42	44	52	63	66	74	38	40	42	49	57	60	66
上臂长/mm	252	262	267	284	303	308	319	253	263	268	286	304	309	319
前臂长/mm	185	193	198	213	229	234	242	187	194	198	214	229	235	243
大腿长/mm	387	402	410	438	467	476	494	391	406	414	441	470	480	496
小腿长/mm	300	313	319	344	370	376	390	301	314	322	346	371	379	395

续表

年龄分组 测量项目　　百分位数	26～35 岁							36～55 岁						
	1	5	10	50	90	95	99	1	5	10	50	90	95	99
身高/mm	1449	1486	1504	1572	1642	1661	1698	1445	1477	1494	1560	1627	1646	1683
体重/kg	39	42	44	51	62	65	72	40	44	46	55	60	70	76
上臂长/mm	253	263	267	285	304	309	320	251	260	265	282	301	306	317
前臂长/mm	184	194	198	214	229	234	243	185	192	197	213	229	233	241
大腿长/mm	385	403	411	438	467	475	493	384	399	407	434	463	472	489
小腿长/mm	299	312	319	344	370	376	389	300	311	318	341	367	373	388

注：由于我国地域辽阔，不同地区间人体尺寸差异较大，本表仅供参考。另外，还需要注意人穿戴所带来的数据与尺寸的增量。

表 1-3　我国成年坐姿人体参考尺度（男）　　单位：mm

年龄分组 测量项目　　百分位数	18～60 岁							18～25 岁						
	1	5	10	50	90	95	99	1	5	10	50	90	95	99
坐高	836	858	870	908	947	958	979	841	863	873	910	951	963	984
坐姿颈椎点高	599	615	624	657	691	701	719	596	613	622	655	691	702	718
坐姿眼高	729	749	761	798	836	847	868	732	753	763	801	840	851	868
坐姿肩高	539	557	566	598	631	641	659	538	557	565	597	631	641	658
坐姿肘高	214	228	235	263	291	298	312	215	227	234	261	289	297	311
坐姿大腿厚	103	112	116	130	146	151	160	106	114	117	130	144	149	156
坐姿膝高	441	456	464	493	523	532	549	443	459	468	497	527	535	554
小腿加足高	372	383	389	413	439	448	463	375	386	393	417	444	454	468
坐深	407	421	429	457	486	494	510	407	423	429	457	486	494	511
臀膝距	499	515	524	554	585	595	613	500	516	525	554	585	594	615
坐姿下肢长	892	921	937	992	1046	1063	1096	893	925	939	992	1050	1068	1100

续表

测量项目 \ 百分位数	26～35 岁							36～60 岁						
年龄分组	1	5	10	50	90	95	99	1	5	10	50	90	95	99
坐高	839	862	874	911	948	959	983	832	853	865	904	941	952	973
坐姿颈椎点高	600	617	626	659	692	702	722	599	615	625	658	691	700	719
坐姿眼高	733	753	764	801	837	849	873	724	743	756	795	832	841	864
坐姿肩高	539	559	569	600	633	642	660	538	556	564	597	630	639	657
坐姿肘高	217	230	237	264	291	299	313	210	226	234	263	292	299	313
坐姿大腿厚	102	111	115	130	147	152	160	102	110	115	131	148	152	162
坐姿膝高	441	456	464	494	523	531	553	439	455	462	490	518	527	543
小腿加足高	373	384	391	415	441	448	462	370	380	386	409	435	442	458
坐深	405	421	429	458	486	493	510	407	420	428	457	486	494	511
臀膝距	497	514	523	554	586	595	611	500	515	524	554	585	596	613
坐姿下肢长	889	919	934	991	1045	1064	1095	892	922	938	992	1045	1060	1095

表1-4 我国成年坐姿人体参考尺度（女） 单位：mm

测量项目 \ 百分位数	18～55 岁							18～25 岁						
年龄分组	1	5	10	50	90	95	99	1	5	10	50	90	95	99
坐高	789	809	819	855	891	901	920	793	811	822	858	894	903	924
坐姿颈椎点高	563	579	587	617	648	657	675	565	581	589	618	649	658	677
坐姿眼高	678	695	704	739	773	783	803	680	636	707	741	774	785	806
坐姿肩高	504	518	526	556	585	594	609	503	517	526	555	584	593	608
坐姿肘高	201	215	223	251	277	284	299	200	214	222	249	275	283	299
坐姿大腿厚	107	113	117	130	146	151	160	107	113	116	129	143	148	156
坐姿加膝高	410	424	431	458	485	493	507	412	428	435	461	487	494	512
小腿加足高	331	342	350	382	399	405	417	336	346	355	384	402	408	420
坐深	388	401	408	433	461	469	485	389	401	409	433	460	468	485
臀膝距	481	495	502	529	561	570	587	480	495	501	529	560	568	586
坐姿下肢长	826	851	865	912	960	975	1005	825	854	867	914	963	978	1008

续表

年龄分组 测量项目 \ 百分位数	26～35 岁							36～55 岁						
	1	5	10	50	90	95	99	1	5	10	50	90	95	99
坐高	792	810	820	857	893	904	921	786	805	816	851	886	896	915
坐姿颈椎点高	563	579	588	618	650	658	677	561	576	584	616	647	655	672
坐姿眼高	679	696	705	740	775	786	806	674	692	701	735	769	778	796
坐姿肩高	506	520	528	556	587	596	610	504	518	525	555	584	592	608
坐姿肘高	204	217	225	251	277	284	298	201	215	223	251	279	287	300
坐姿大腿厚	107	113	116	130	145	150	160	108	114	118	133	149	154	164
坐姿膝高	409	423	431	458	486	493	508	409	422	429	455	483	490	503
小腿加足高	334	345	353	383	399	405	417	327	338	344	379	396	401	412
坐深	390	403	409	434	463	470	485	386	400	406	432	461	468	487
臀膝距	481	494	501	529	561	570	590	482	496	502	529	562	572	588
坐姿下肢长	826	850	865	912	960	976	1004	826	848	862	909	957	972	996

注：由于我国地域辽阔，不同地区间人体尺寸差异较大，本表仅供参考。另外，还需要注意人穿戴所带来的数据与尺寸的增量。

表 1-5　我国成年水平人体参考尺度（男）　单位：mm

年龄分组 测量项目 \ 百分位数	18～60 岁							18～25 岁						
	1	5	10	50	90	95	99	1	5	10	50	90	95	99
胸宽	242	253	259	280	307	315	331	239	250	256	275	298	306	320
胸厚	176	186	191	212	237	245	261	170	181	186	204	223	230	241
肩宽	330	344	351	375	397	403	415	331	344	351	375	398	404	417
最大肩宽	383	398	405	431	460	469	486	380	395	403	427	454	463	482
臀宽	273	282	288	306	327	334	346	271	280	285	302	322	327	339
坐姿臀宽	284	295	300	321	347	355	369	281	292	297	316	338	345	360
坐姿两肘间宽	353	371	381	422	473	489	518	348	364	374	410	454	467	495
胸围	762	791	806	867	944	970	1018	746	778	792	845	908	925	970
腰围	620	650	665	735	859	895	960	610	634	650	702	771	796	857
臀围	780	805	820	875	948	970	1009	770	800	814	860	915	936	974

续表

测量项目 \ 百分位数 \ 年龄分组	26～35 岁							36～60 岁						
	1	5	10	50	90	95	99	1	5	10	50	90	95	99
胸宽	244	254	260	281	305	313	327	243	254	261	285	313	321	336
胸厚	177	187	192	212	233	241	254	181	192	198	219	245	253	266
肩宽	331	346	352	376	398	404	415	328	343	350	373	395	401	415
最大肩宽	386	399	406	432	460	469	486	383	398	406	433	464	473	489
臀宽	272	282	287	305	326	332	344	275	285	291	311	332	338	349
坐姿臀宽	283	295	300	320	344	351	365	289	299	304	327	354	361	375
坐姿两肘间宽	353	372	381	421	470	485	513	359	378	389	435	485	499	527
胸围	772	799	812	869	939	958	1008	775	803	820	885	967	990	1035
腰围	625	652	669	734	832	865	921	640	670	690	782	900	932	986
臀围	780	805	820	874	941	962	1000	785	811	830	895	966	985	1023

表 1-6 我国成年水平人体参考尺度（女）　　单位：mm

测量项目 \ 百分位数 \ 年龄分组	18～55 岁							18～25 岁						
	1	5	10	50	90	95	99	1	5	10	50	90	95	99
胸宽	219	233	239	260	289	299	319	214	228	234	253	274	282	296
胸厚	159	170	176	199	230	239	260	155	166	171	191	215	222	237
肩宽	304	320	328	351	371	377	387	302	319	328	351	370	376	386
最大肩宽	347	363	371	397	428	438	458	342	359	367	391	415	424	439
臀宽	275	290	296	317	340	346	360	270	286	292	311	331	338	349
坐姿臀宽	295	310	318	344	374	382	400	289	306	313	336	360	368	382
坐姿两肘间宽	326	348	360	404	460	478	509	320	338	348	384	426	439	465
胸围	717	745	760	825	919	949	1005	710	735	750	802	865	885	930
腰围	622	659	680	772	904	950	1025	608	636	654	724	803	832	892
臀围	795	824	840	900	975	1000	1044	790	815	830	881	940	959	994

年龄分组 测量项目　百分位数	26～35 岁							36～55 岁						
	1	5	10	50	90	95	99	1	5	10	50	90	95	99
胸宽	221	234	240	260	287	295	313	225	238	245	269	301	309	327
胸厚	160	171	177	198	227	236	253	166	177	183	208	240	251	268
肩宽	304	320	328	350	372	378	387	305	323	329	350	372	378	390
最大肩宽	347	363	371	396	426	435	455	356	368	376	405	439	449	468
臀宽	277	290	296	317	339	345	358	282	296	301	323	345	352	366
坐姿臀宽	295	311	318	345	372	381	398	302	317	325	353	382	390	411
坐姿两肘间宽	331	352	362	404	453	469	500	344	367	379	427	481	496	526
胸围	718	747	762	823	907	934	988	724	760	780	859	955	986	1036
腰围	636	672	691	775	882	921	993	661	704	728	836	962	998	1060
臀围	792	824	838	900	970	992	1030	812	843	858	926	1001	1021	1064

注：由于我国地域辽阔，不同地区间人体尺寸差异较大，本表仅供参考。另外，还需要注意人穿戴所带来的数据与尺寸的增量。

表 1-7　我国成年立姿人体参考尺度（男）　　单位：mm

年龄分组 测量项目　百分位数	18～60 岁							18～25 岁						
	1	5	10	50	90	95	99	1	5	10	50	90	95	99
眼高	1436	1474	1495	1568	1643	1664	1705	1444	1482	1502	1576	1653	1678	1714
肩高	1244	1281	1299	1367	1435	1455	1494	1245	1285	1300	1372	1442	1464	1507
肘高	925	954	968	1024	1079	1096	1128	929	957	973	1028	1088	1102	1140
手功能高	656	680	693	741	787	801	828	659	683	696	745	792	808	831
会阴高	701	728	741	790	840	856	887	707	734	749	796	848	864	895
胫骨点高	394	409	417	444	472	481	498	397	411	419	446	475	485	500

续表

测量项目 \ 年龄分组 百分位数	26～35 岁							36～60 岁						
	1	5	10	50	90	95	99	1	5	10	50	90	95	99
眼高	1437	1478	1497	1572	1645	1667	1705	1429	1465	1488	1558	1629	1651	1689
肩高	1244	1283	1303	1369	1438	1456	1496	1241	1278	1295	1360	1426	1445	1482
肘高	925	956	971	1026	1081	1097	1128	921	950	963	1019	1072	1087	1119
手功能高	658	683	695	742	789	802	828	651	676	689	736	782	795	818
会阴高	703	728	742	792	841	857	886	700	724	736	784	832	846	875
胫骨点高	394	409	417	444	473	481	498	392	407	415	441	469	478	493

表 1-8　我国成年立姿人体参考尺度（女）　单位：mm

测量项目 \ 年龄分组 百分位数	18～55 岁							18～25 岁						
	1	5	10	50	90	95	99	1	5	10	50	90	95	99
眼高	1337	1371	1388	1454	1522	1541	1579	1341	1380	1396	1463	1529	1549	1588
肩高	1166	1195	1211	1271	1333	1350	1385	1172	1199	1216	1276	1336	1353	1393
肘高	873	899	913	960	1009	1023	1050	877	904	916	965	1013	1027	1060
手功能高	630	650	662	704	746	757	778	633	653	665	707	749	760	784
会阴高	648	673	686	732	779	792	819	653	680	694	738	785	797	827
胫骨点高	363	377	384	410	437	444	459	366	379	387	412	439	446	463

测量项目 \ 年龄分组 百分位数	26～35 岁							36～55 岁						
	1	5	10	50	90	95	99	1	5	10	50	90	95	99
眼高	1335	1371	1389	1455	1524	1544	1581	1333	1365	1380	1443	1510	1530	1561
肩高	1166	1196	1212	1273	1335	1352	1385	1163	1191	1205	1265	1325	1343	1376
肘高	873	900	913	961	1010	1025	1048	871	895	908	956	1004	1018	1042
手功能高	628	649	662	704	746	757	778	628	646	660	700	742	753	775
会阴高	647	672	686	732	780	793	819	646	668	681	726	771	784	810
胫骨点高	362	376	384	410	438	445	460	363	375	382	407	433	441	456

注：由于我国地域辽阔，不同地区间人体尺寸差异较大，本表仅供参考。另外，还需要注意人穿戴所带来的数据与尺寸的增量。

1.1.1.2 图例

我国某地区成年男子不同身高尺寸如图 1-2 所示。

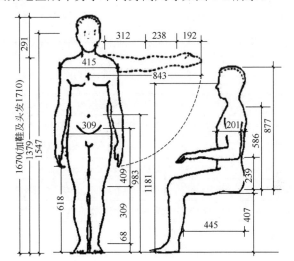

图 1-2 我国某地区成年男子不同身高尺寸（单位：mm）

我国某地区成年女子不同身高尺寸如图 1-3 所示。

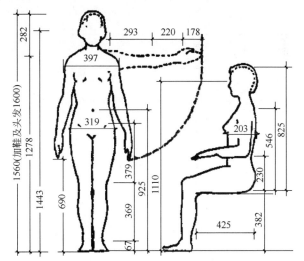

图 1-3 我国某地区成年女子不同身高尺寸（单位：mm）

1.1.1.3 技巧一点通

窗台、阳台的高度，家具的尺寸与间距，门的高宽度，踏步的高宽度，楼梯平台、家内净高等室内尺寸，一般均需要根据人体尺度来确定。装修时，一些人体尺度数据的设计用途见表1-9。

表1-9 一些人体尺度数据的设计用途

名称项目	数据用途
单腿跪姿取放搁置深度	用于装修空间确定单腿跪姿取放物体时，柜内适宜的搁置深度
单腿跪姿取放舒适高度	用于装修空间确定矮柜等搁板或抽屉适宜高度
单腿跪姿推柜前距离	用于装修空间限定单腿跪姿推拉抽屉时，柜前最小空间距离
单腿跪姿推拉舒适高度	用于装修空间确定矮柜拉手及低位抽屉等适宜高度
踮高	用于装修空间限定搁板、上部储藏柜拉手的最大高度
蹲姿单手取放搁置深度	用于装修空间确定蹲姿取放物体时，柜内适宜的搁置深度
蹲姿单手取放舒适高度	用于装修空间确定矮柜的搁板或抽屉拉手等适宜高度
蹲姿单手推拉舒适高度	用于装修空间确定矮柜拉手及低位抽屉等适宜高度
蹲姿单手推拉舒适深度	用于装修空间限定蹲姿单手推拉抽屉时，柜前最小空间距离
肩高	用于限定装修空间人们行走时，肩可能触及靠墙搁板等障碍物的高度
肩宽	用于确定装修空间家具排列时最小通道宽度、椅背宽度与环绕桌子的座椅间距
肩指点距离	用于确定装修空间柜类家具最大水平深度
立姿单手取放搁置深度	用于装修空间确定立姿单手取放物体适宜的搁置深度
立姿单手取放柜前距离	用于装修空间限定直立取物时，柜前等最小空间距离
立姿单手取放舒适高度	用于装修空间确定物体的适宜或悬挂高度
立姿单手取放最大高度	用于装修空间限定物体的最大搁置或悬挂高度
立姿单手推拉柜前距离	用于装修空间限定直立推拉物体时，柜前等最小空间距离
立姿单手推拉舒适高度	用于装修空间确定拉手和搁板等物的适宜高度
立姿单手推拉最大高度	用于装修空间限定拉手与搁板等物的最大高度
立姿单手托举柜前距离	用于装修空间限定托举物体时，柜前等最小空间距离
立姿单手托举舒适高度	用于装修空间确定常用物体的搁置高度

续表

名称项目	数据用途
立姿单手托举最大高度	用于装修空间限定搁板等物的最大高度
身高	用于限定装修空间头顶上空悬挂家具等障碍物的高度
臀膝距	用于限定装修空间臀部后缘到膝盖前面障碍物的最小水平距离
小腿加足高	用于装修空间确定椅面高度
胸厚	用于装修空间限定储藏柜、台前最小使用空间水平尺寸
腋高	用于装修空间限定如酒吧柜、银柜等高服务台的高度
中指尖点上举高	用于限定上部柜门、抽屉拉手等高度
肘高	用于确定装修空间站立工作时的台面等高度
坐高	用于装修空间限定座椅上空障碍物的最小高度
坐深	用于确定装修空间椅面的深度
坐姿大腿厚	用于装修空间限定椅面到台面底的最小垂距
坐姿单手取放柜前距离	用于装修空间确定单手取物时，柜前等最小空间距离
坐姿单手推拉柜前距离	用于装修空间限定坐姿推拉物体时，柜前等最小空间距离
坐姿单手推拉舒适高度	用于装修空间确定低矮柜门，抽屉等拉手的适宜高度
坐姿两肘间宽	用于装修空间确定座椅扶手的水平间距
坐姿臀宽	用于装修空间确定椅面的最小宽度
坐姿膝高	用于装修空间限定柜台、书桌、餐桌等台底到地面的最小垂距
坐姿肘高	用于装修空间确定座椅扶手最小高度与桌面高度

1.1.1.4　案例

一个人的肩膀宽大约为 600mm，因此，设计一条过道要容纳两个人就得为宽 1200mm。如果该条过道仅能够确保一人行进，一人侧避的情况，则过道就得设计、安装宽为 900mm。

山▶ 1.1.2　人的视野与视界

1.1.2.1　基本知识

装修装饰设计、安装有关显示设备时，需要考虑人与设备的适当距离，也就是需要考虑人的视野与视界。

人的最佳视野与视界，在人转动眼睛与转动头部时的能见度是有差异的。人的最佳视野与视界参考数据见表1-10。

表 1-10　人的最佳视野与视界参考数据

状态	最适宜角度	最大角度
只转动眼睛时的状态	左右方向的最适宜角度为15°	最大角度为35°
	上下方向最适宜角度为15°	向上最大角度为40°
	上下方向最适宜角度为15°	向下最大角度为20°
转动头部时的状态	—	左右方向的最大角度为60°
	—	向上最大角度为65°
	—	向下最大角度为35°
头部与眼睛都转动的状态	左右方向最适宜角度为15°	左右最大角度为90°
	上下方向最适宜角度为15°	向上最大角度为90°
	上下方向最适宜角度为15°	向下最大角度为70°

1.1.2.2　图例

人的最佳视野与视界的参考数据图例如图1-4所示。

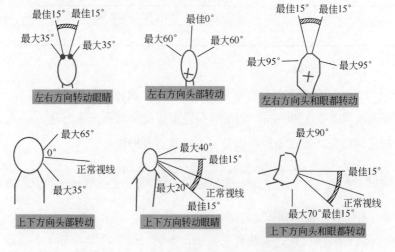

图 1-4　人的最佳视野与视界的参考数据图例

1.1.3　手最佳操作方向

1.1.3.1　基本知识

手最佳操作方向见表 1-11。

表 1-11　手最佳操作方向

手最佳操作方向	解　　说
外侧向 60°	手外侧向 60° 操作，属于一只手动作时最轻松、速度最快的运动方向
双侧向 30°	手双侧向 30° 操作，属于双手动作时，最轻松、速度最快的运动方向
双侧向 0°	手双侧向 0° 操作，属于双手准确，轻松、快速操作的最好方向

1.1.3.2　图例

手最佳操作方向图解如图 1-5 所示。

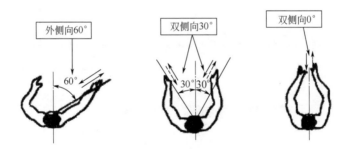

图 1-5　手最佳操作方向图解

1.1.4　坐姿工作时脚的最大推力

考虑装修装饰设计、安装有关体力操作数据尺寸时，必须使操作用力保持在生理上可承受的范围内，也就是不能够超过体力所允许的负荷。其中，坐姿工作时脚的最大推力如图 1-6 所示。

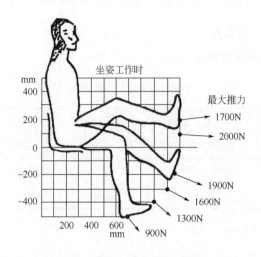

图 1-6   坐姿工作时脚的最大推力

1.1.5   站立作业工作面高度的人体工程要求

站立作业工作面高度的人体工程要求如图 1-7 所示。

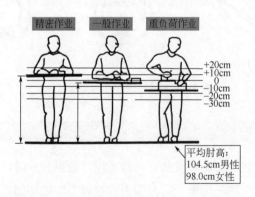

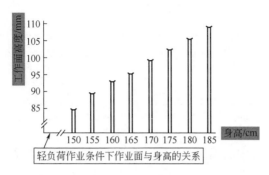

图 1-7　站立作业工作面高度的人体工程要求

1.1.6　人际距离与行为特征

1.1.6.1　基本知识

不同性别、职业、文化程度、民族、宗教信仰等因素存在，人际距离的表现存在一些差异。根据人际关系的密切程度、行为特征来确定人际距离的不同层次。人际距离可以分为亲密距离（即密切距离）、个体距离、社会距离、公众距离。每类距离中，根据不同的行为性质再分为近区与远区。

人际距离与行为特征见表 1-12。

表 1-12　人际距离与行为特征

类型	尺寸数据/cm	特　　征
密切距离	0～45	（1）接近相 0～15cm，温柔、舒适、亲密、激愤、嗅觉、辐射热等强烈感觉的距离。该距离是在家庭居室、私密空间里会出现这样的人际距离 （2）远方相 15～45cm，可与对方接触握手等
个体距离	45～120	（1）接近相 45～75cm，促膝交谈，仍可以与对方接触等。这是亲近朋友、家庭成员间谈话的距离 （2）远方相 75～120cm，清楚地看清细微表情的交谈等
社会距离	120～360	（1）接近相 120～210cm，社会交往、同事、朋友、熟人、邻居等间日常交谈的距离 （2）远方相 210～360cm，交往不密切的社会距离等。这是在旅馆大堂休息处、小型会客室、洽谈室等地方，会表现出的人际距离

类型	尺寸数据/cm	特　征
公众距离	>360	（1）接近相360～750cm，自然语音的讲课、小型报告会等 （2）远方相>750cm，借助姿势与扩音器的讲演，大型会议室等处会表现出的人际距离

注：接近相是指在范围内有近距趋势。远方相是指相对的远距趋势。

人际距离中的嗅觉距离、听觉距离、视觉距离见表 1-13。

表 1-13　人际距离中的嗅觉距离、听觉距离、视觉距离

类型	尺寸数据	解　说
嗅觉距离	1m 以内	能闻到衣服、头发所发出的较弱的气味
	2～3m 以内	能闻到香水或者较强的气味
	3m 以外	只能够闻到很浓烈的气味
听觉距离	7m 以内	可以进行一般的交谈
	30m 以内	可以听清楚讲演
	超过 35m	能够听见叫喊，但是很难听清楚语言。如果应用扬声器，也只能够一问一答的交流
视觉距离	1～3m	可以进行一般的交谈
	30m 以内	能够看清楚一个人的面部特征、发行、年龄等
	70～100m	可以分辨出个人的性别、大概年龄、行为内容
	500～1000m	根据背景、照明、动感等可以分辨出人群

1.1.6.2　图例

人际距离的体现图例如图 1-8 所示。

1.1.6.3　技巧一点通

人际距离的大小是适应在不同空间中人际交往的尺度衡量标准，也是交往空间的大小与家具设备设计布置的依托。

1.1.6.4　案例

室内装修设计中以阅览室的座位为案例，如果座位间距过于紧

凑，以致出现以不亲密的形式进入他人亲密距离内，则会造成个人的空间领域被侵犯，给他人的学习、心理带来不安与压抑。

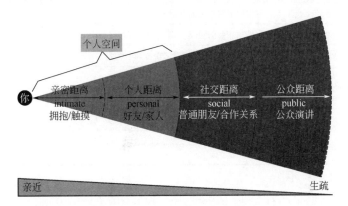

图 1-8　人际距离的体现图例

1.1.7　空间动作尺寸与操作尺寸

1.1.7.1　基本知识

装修室内的动作空间是以人与家具、人与墙壁、人与人间的关系来决定的。凡是与人的使用有关的设施，其操作尺寸要根据人的身体尺寸来确定。有关空间动作尺寸与操作尺寸见表 1-14。

表 1-14　有关空间动作尺寸与操作尺寸

尺寸数据	解　　说
120cm	人在室内行走时，两人正面对行时则需 120cm
3cm	锅底一般离火口 3cm，这样可以最大限度地利用火力
40～60cm	厨房平面操作区域的进深尺度以 40～60cm 为宜
45cm	人在室内行走时，一个人横向侧行需要 45cm 的空间，正面行走需要 60cm
50cm	人坐在餐桌前进餐时，椅背到桌边的距离大约为 50cm
55cm 以上	吊柜与操作台间的距离，一般设计为 55cm 以上

续表

尺寸数据	解　说
60cm	人在室内行走时，正面行走需要 60cm
60～80cm	抽油烟机与灶台的距离以 60～80cm 为宜，距地不高于 170cm
70cm	厨房灶台的高度，以距地面 70cm 左右为宜
70～86cm	切菜时，切菜板以距地 70～86cm 为佳
75cm	人坐在餐桌前进餐时，当起身准备离去时，椅背到桌边的距离大约为 75cm
90cm	人在室内行走时，两人错行，其中一个人横向侧身时共需 90cm
95～160cm	很多家庭进厨房操作主要是家庭主妇，为此，取放物的最佳高度一般设计为 95～160cm

1.1.7.2　图例

厨房橱柜的有关动作尺寸与操作尺寸图例如图 1-9 所示。

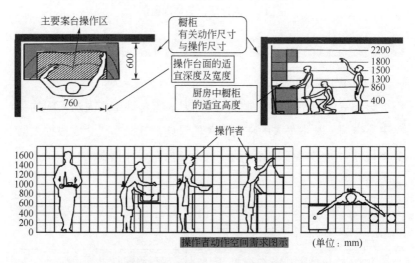

图 1-9　厨房橱柜的有关动作尺寸与操作尺寸图例

1.1.7.3　技巧一点通

装修室内的空间动作尺寸在实际设计时，往往需要采用稍有富余的数据尺寸。厨房操作台上方的吊柜要能使主人操作时不碰头为宜。

1.1.8　房间理想面积尺寸

房间面积太小，则会存在压抑感。房间面积太大，则会空旷。房间面积恰到好处，才能最大限度地保证居住舒适度。另外，总面积一定的情况下，某个房间面积过大，则相应会有另一个空间面积会变小。

房间理想面积见表 1-15。

表 1-15　房间理想面积

房间	理想面积/m^2
卧室	12～15
客厅	21～30
书房	6～10
卫生间、厨房、健身房、储藏室	4～5
阳台	5～6

1.1.9　玄关有关数据与尺寸

1.1.9.1　基本知识

玄关又称为过厅、斗室、门厅。玄关最重要的任务是为主人与客人进出门前的准备工作提供服务，以起到隔断的作用。玄关有关尺寸数据见表 1-16。

表 1-16　玄关有关尺寸数据

项目	尺寸数据
玄关的舒适指标	3～5m^2
玄关的吊顶部分高度	2.3～2.76m

1.1.9.2　图例

某一客厅玄关立面图如图 1-10 所示。

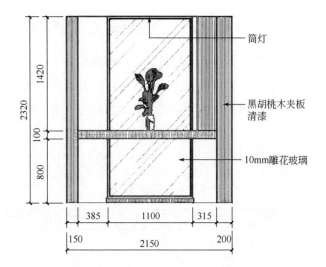

图 1-10 某一客厅玄关立面图

1.1.9.3 技巧一点通

玄关的功能要求，一般天花板不宜太高，吊顶部分应相对低一些，应能够错落变化。吊顶中心位置可以嵌入筒灯，以便玄关明亮起来。

1.1.10 衣帽间有关数据与尺寸

1.1.10.1 基本知识

衣帽间有关尺寸数据见表 1-17。

表 1-17 衣帽间有关尺寸数据

尺寸数据/mm	解　说
1000～1200	上衣区高度尺寸为 1000～1200mm
1250（1000）	抽屉与地面的间距应小于 1250mm（老人使用间距大约为 1000mm）
1300	挂衣杆挂短上衣高度尺寸大约为 1300mm

尺寸数据/mm	解 说
1400~1700	长衣区高度尺寸为 1400~1700mm
1700	挂衣杆挂长大衣高度尺寸大约为 1700mm
200×150×300	鞋柜格局尺寸宽大约为 200mm、高大约为 150mm、深度大约为 300mm
280×300	放矮靴宽度大约为 280mm、高度大约为 300mm
350~500	叠放区高度尺寸为 350~500mm
40~60	挂衣杆与上面面板间的间距为 40~60mm
400~500	被褥区高度为 400~500mm
400~800	抽屉宽度尺寸为 400~800mm
500	高靴子高度大约为 500mm
80~100	格子架尺寸单层高度为 80~100mm
80~100	踢脚线高度为 80~100mm
80~100	衣柜裤架高度为 80~100mm
900	挂衣杆挂长裤高度尺寸大约为 900mm

1.1.10.2 技巧一点通

衣帽间的外部尺寸跟家居空间尺寸有关，衣帽间的内部尺寸跟日常生活使用有关。衣帽间内部尺寸由不同的格局组成，这样才能够满足不同的功能需求。

1.1.11 墙面与墙体数据与尺寸

墙面与墙体有关尺寸数据见表 1-18。

表 1-18 墙面与墙体有关尺寸数据

项 目	尺寸数据
墙面踢脚板高度	80~200mm
墙面墙裙高度	800~1500mm
墙面挂镜线高度（镜中心距地面高度）	1600~1800mm
支撑墙体厚度	大约 0.24m
室内隔断墙墙体厚度	大约 0.12m

1.1.12 墙裙高度

1.1.12.1 基本知识

墙裙是家居装修的一种装饰手法,其主要是在四周的墙上距地一定高度范围内全部用装饰面板、壁纸、釉面砖、涂料、墙布、木线条等材料包住。墙裙常用于卧室、客厅等空间。墙裙的高度很重要,其过高或过低均会影响整体的视觉效果。墙裙高度见表1-19。

表1-19　墙裙高度与距离

类　型	尺寸数据	类　型	尺寸数据
木质墙裙(表面平整、出墙厚度一致)	高度为997~1003mm,立面垂直允许误差不能大于2mm	居室墙裙高度(居室的窗台高度大约为1000mm)	墙裙高度可以略高于窗台200~500mm
涂料墙裙	高度为999~1001mm	居室墙面(墙裙离墙面保持一定距离)	距离一般不小于400mm
釉面砖墙裙(上口平直)	高度为998~1002mm,接缝高低偏差大约在0.5mm以内	楼梯墙裙贴瓷砖高度	900~1000mm

1.1.12.2 图例

楼梯墙裙贴瓷砖高度,一般根据第一步与最后一步向上量垂直高度900 mm,然后斜线连成线即可,如图1-11所示。

1.1.12.3 技巧一点通

家居装修中,考虑采用墙裙墙面装饰方式,需要选择好墙裙的合适材质,并且考虑好墙裙的高度,装修出与居室环境相适宜的装修效果。墙裙一般适应比较高大的房间。如果居室高度不超过3m,如果墙面设计墙裙,则房间显得矮小、拥挤。如果在房间墙面上装修设计墙裙,则一般的墙裙高度宜取1m左右。

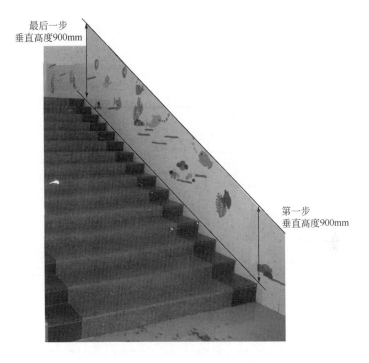

图 1-11　楼梯墙裙贴瓷砖高度

1.1.12.4　案例

（1）居室的墙裙高度可以以居室窗台作为参照物。居室的窗台高度一般大约为 1000mm，则墙裙高度可以略高于窗台 200～500mm，也可以与窗台齐平。如果墙裙过低，起不到保护墙体的作用，也会影响居室总体的视觉效果。

（2）如果客厅、卧室墙裙过高，则室内会显得过于沉闷，影响人的情绪。

1.1.13　不同厨房常见尺寸

（1）L 形厨房常见尺寸见表 1-20。

表 1-20　L 形厨房常见尺寸

B/mm	A/mm						
1650	1800	1950	2100	2250	2400	2550	2700
1800							

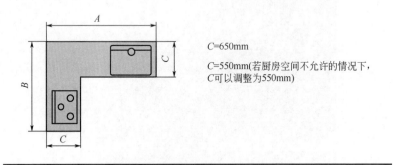

C=650mm

C=550mm(若厨房空间不允许的情况下,C可以调整为550mm)

（2）一字形厨房常见尺寸见表 1-21。

表 1-21　一字形厨房常见尺寸　　　　单位：mm

B	A							
650	1650	1800	1950	2100	2250	2400	2550	2600
	2700	2850	3000	3150	3300	3450	3600	

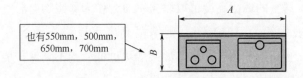

也有550mm，500mm，650mm，700mm

1.1.14　厨房空间尺寸与厨房家具尺寸

（1）厨房空间尺寸如图 1-12 所示。

（2）厨房家具尺寸如图 1-13 所示。

单排布置的厨房，其操作台最小宽度为0.50m，考虑操作人下蹲打开柜门，要求最小净宽为1.50m

双排布置设备的厨房，两排设备之间的距离按人体活动尺度要求，不应小于0.90m

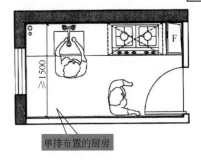

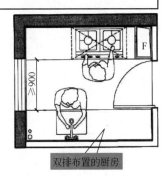

单排布置的厨房

双排布置的厨房

图 1-12　厨房空间尺寸

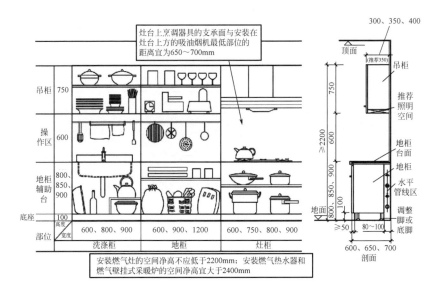

图 1-13　厨房家具尺寸（单位：mm）

（3）一些常见嵌入式厨房设备空间宽度尺寸见表1-22。

表 1-22　一些常见嵌入式厨房设备空间宽度尺寸　单位：mm

名称	空间宽度尺寸	名称	空间宽度尺寸
燃气灶	≥750	微波炉	≥600
吸油烟机	≥900	消毒柜	≥600
单池洗涤池	≥600	洗碗机	≥600
双池洗涤池	≥900	单开门电冰箱	≥700
电烤箱	≥600	嵌入式电冰箱	≥600
双开门电冰箱	≥1000	燃气热水器	≥600

1.1.15　空间其他有关数据与尺寸

空间其他有关尺寸数据见表 1-23。

表 1-23　空间其他有关尺寸数据　单位：mm

名称	解　说
木隔间墙厚	一般为 60~100
玄关宽	一般为 1000
玄关墙厚	一般为 240
墙裙高	一般为 800~1500
栏杆高度	一般为 800~1100
房间内通道宽度	一般为 650（最小）
餐桌后通道宽度	一般为 750（其中座椅占 500）
过道宽度	一般为 900~1200

1.2　装修基础

1.2.1　室内装饰装修材料内墙涂料中有害物质限量

室内装饰装修材料内墙涂料中有害物质限量见表 1-24。

表 1-24　室内装饰装修材料内墙涂料中有害物质限量

项　　目		限量值
重金属/（mg/kg）	可溶性铅	90
	可溶性镉	75
	可溶性铬	60
	可溶性汞	60
挥发性有机化合物（VOC）/（g/L）		200
游离甲醛/（g/kg）		0.1

1.2.2　室内装饰装修材料胶黏剂中有害物质限量

室内装饰装修材料胶黏剂中有害物质限量见表 1-25。

表 1-25　室内装饰装修材料胶黏剂中有害物质限量

项目	指标		
	橡胶胶黏剂	聚氨酯类胶黏剂	其他胶黏剂
游离甲醛/（g/kg）	0.5	—	—
甲苯异氰酸酯/（g/kg）	—	10	—
总挥发性有机物/（g/kg）	750		
苯/（g/kg）	5		
甲苯加二甲苯/（g/kg）	200		

1.2.3　地面材料常规尺寸

常见地面材料常规尺寸见表 1-26。

表 1-26　常见地面材料常规尺寸

项　　目	解说/mm
地砖常用规格（长度与宽度）	100、200、300、600、800、1000
复合地板规格（长度×宽度×厚度）	1200×90×8（加厚为 10）

续表

项 目	解说/mm
墙砖常用规格（长度×宽度）	100×100、200×200、300×200、350×250 等（墙砖一般厚度为4～12mm，不同墙砖类型、具体品牌不同墙砖厚度有差异）
实木地板规格（长度×宽度×厚度）	750×60×18、750×90×18、910×94×18

1.2.4 水泥有关数据

　　家装水泥标号一般选用 32.5，也就是老标准的 425。家居装修工地标准水泥一般为 50kg/袋。复合硅酸盐水泥的强度等级分为 32.5R、42.5、42.5R、52.5、52.5R 五个等级。不同品种、不同强度等级的通用硅酸盐水泥，其不同龄期的强度需要符合表 1-27 的规定。

表 1-27　通用硅酸盐水泥不同龄期的强度要求

品种	强度等级	抗压强度/MPa		抗折强度/MPa	
		3 天	28 天	3 天	28 天
硅酸盐水泥	42.5	≥17.0	≥42.5	≥3.5	≥6.5
	42.5R	≥22.0		≥4.0	
	52.5	≥23.0	≥52.5	≥4.0	≥7.0
	52.5R	≥27.0		≥5.0	
	62.5	≥28.0	≥62.5	≥5.0	≥8.0
	62.5R	≥32.0		≥5.5	
普通硅酸盐水泥	42.5	≥17.0	≥42.5	≥3.5	≥6.5
	42.5R	≥22.0		≥4.0	
	52.5	≥23.0	≥52.5	≥4.0	≥7.0
	52.5R	≥27.0		≥5.0	
复合硅酸盐水泥	32.5R	≥15.0	≥32.5	≥3.5	≥5.5
	42.5	≥15.0	≥42.5	≥3.5	≥6.5
	42.5R	≥19.0		≥4.0	
	52.5	≥21.0	≥52.5	≥4.0	≥7.0
	52.5R	≥23.0		≥4.5	

品种	强度等级	抗压强度/MPa		抗折强度/MPa	
		3 天	28 天	3 天	28 天
矿渣硅酸盐水泥、火山灰质硅酸盐水泥、粉煤灰硅酸盐水泥	32.5	≥10.0	≥32.5	≥2.5	≥5.5
	32.5R	≥15.0		≥3.5	
	42.5	≥15.0	≥42.5	≥3.5	≥6.5
	42.5R	≥19.0		≥4.0	
	52.5	≥21.0	≥52.5	≥4.0	≥7.0
	52.5R	≥23.0		≥4.5	

家装装修中水泥的大致用量见表 1-28。

表 1-28　家装装修中水泥的大致用量

类型	解　说
1 房 1 厅 1 厨 1 卫	按重量估计：大约 1t；按包估计：20～30 包
2 房 2 厅 1 厨 1 卫	按重量估计：大约 1.5t；按包估计：30～40 包
3 房 2 厅 1 厨 2 卫	按重量估计：大约 2t；按包估计：40～60 包

注：如果客厅采用地砖则大约多加 1t（1t=1000kg）或 20 包。常见的水泥包装大约为 50kg 一包。在按包估计的情况下，因每包实际重量存在差异与按整包采购等因素，因此，按包估计需要比按重量估计多一些。

1.2.5　家装装修中黄沙的平均用量

家装装修中黄沙的平均用量估算见表 1-29。

表 1-29　家装装修中黄沙的平均用量估算

类型	解　说
1 房 1 厅 1 厨 1 卫	按重量估计：大约 2t；按包估计：袋装 80 包（25kg/包）
2 房 2 厅 1 厨 1 卫	按重量估计：大约 3t；按包估计：袋装 120 包（25kg/包）
3 房 2 厅 1 厨 2 卫	按重量估计：大约 3.5t；按包估计：袋装 140 包（25kg/包）

注：按包估计，因每包实际重量存在差异与按整包采购等因素，因此，按包估计需要比按重量估计多一些。

⛰ 1.2.6 砖规格与用量估计

1.2.6.1 基本知识

常用的空心砖规格见表 1-30。

表 1-30 常用的空心砖规格

项目	规格/mm
常用的空心砖规格	390×190×190；240×115×90；240×115×53；190×190×190 等

家装装修中 95 砖的大约用量估计见表 1-31。

表 1-31 家装装修中 95 砖的大约用量估计

类型	解　说
1 房 1 厅 1 厨 1 卫	200～300 块
2 房 2 厅 1 厨 1 卫	300～400 块
3 房 2 厅 1 厨 2 卫	300～600 块

1.2.6.2 图例

95 砖规格如图 1-14 所示。

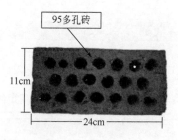

图 1-14 95 砖规格

1.2.6.3 技巧一点通

空心砖的种类有页岩空心砖、烧结空心砖、黏土空心砖、免烧空心砖、玻璃空心砖等。

1.2.7　膨胀螺栓规格与埋深、钻孔直径要求

膨胀螺栓规格与埋深、钻孔直径要求见表 1-32。

表 1-32　膨胀螺栓规格与埋深、钻孔直径要求

规格/mm	埋深/mm	钻孔直径/mm	规格/mm	埋深/mm	钻孔直径/mm
M5×45	25	8	M16×140	90	22
M6×55	35	10	M18×155	155	26
M8×70	45	12	M20×170	120	28
M10×85	55	14	M22×185	135	32
M12×105	65	16	M24×200	150	35
M14×125	75	18	M27×215	155	38

1.2.8　胀锚螺栓的规格与应用要求

胀锚螺栓的规格与应用要求如图 1-15 所示。

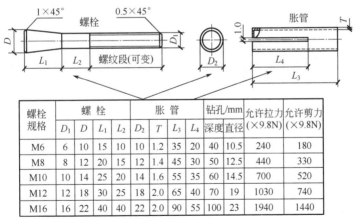

螺栓规格	螺　栓				胀　管				钻孔/mm		允许拉力(×9.8N)	允许剪力(×9.8N)
	D_1	D	L_1	L_2	D_2	T	L_3	L_4	深度	直径		
M6	6	10	15	10	10	1.2	35	20	40	10.5	240	180
M8	8	12	20	15	12	1.4	45	30	50	12.5	440	330
M10	10	14	25	20	14	1.6	55	35	60	14.5	700	520
M12	12	18	30	25	18	2.0	65	40	70	19	1030	740
M16	16	22	40	40	22	2.0	90	55	100	23	1940	1440

注：1.适用于C15及以上混凝土及相当于C15号混凝土的砖墙上，不宜在空心砖等建筑物上使用。

2.钻孔使用的钻头外径应与胀管外径相同，钻成的孔径与胀管外径差值≯1mm，钻孔后应将孔内残屑清除干净。

图 1-15　胀锚螺栓的规格与应用要求

1.2.9 自攻钉的规格

常用自攻钉的规格见表 1-33。

表 1-33 常用自攻钉的规格

自攻螺钉用螺纹规格	螺纹外径 $d_1 \leqslant$	螺距 P	头部直径 $d_k/mm \leqslant$		对边宽度 s	球面高度 $f \approx$	头部高度 $K/mm \leqslant$			
							盘头		沉头半沉头	六角头
/mm			盘头	沉头半沉头	/mm		十字槽	开槽		
ST2.2	2.24	0.8	4	3.8	3.2	0.5	1.6	1.3	1.1	1.6
ST2.9	2.90	1.1	5.6	5.5	5	0.7	2.4	1.8	1.7	2.3
ST3.5	3.53	1.3	7	7.3	5.5	0.8	2.6	2.1	2.35	2.6
ST4.2	4.22	1.4	8	8.4	7	1	3.1	2.4	2.6	3
ST4.8	4.80	1.6	9.5	9.3	8	1.2	3.7	3	2.8	3.8
ST5.5	5.46	1.8	11	10.3	8	1.3	4	3.2	3	4.1
ST6.3	6.25	1.8	12	11.3	10	1.4	4.6	3.6	3.15	4.7
ST8	8.00	2.1	16	15.8	13	2	6	4.8	4.65	6
ST9.5	9.65	2.1	20	18.3	16	2.3	7.5	6	5.25	7.5

自攻螺钉用螺纹规格 /mm	螺纹号码（参考）	十字槽号	公称长度 l/mm				
			十字槽自攻螺钉		开槽自攻螺钉		六角头自攻螺钉
			盘头	沉头半沉头	盘头	沉头半沉头	
ST2.2	2	0	4.5～16	4.5～16	4.5～16	4.5～16	4.6～16
ST2.9	4	1	6.5～19	6.5～19	6.5～19	6.5～19	6.5～19
ST3.5	6	2	9.5～25	9.5～25	6.5～22	9.5～25/22	6.5～22
ST4.2	8	2	9.5～32	9.5～32	9.5～25	9.5～32/25	9.5～25
ST4.8	10	2	9.5～38	9.5～38	9.5～32	9.5～32	9.5～32
ST5.5	12	3	13～38	13～38	13～32	13～38/32	13～32
ST6.3	14	3	13～38	13～38	13～38	13～38	13～38
ST8	16	4	16～50	16～50	16～50	16～50	13～50
ST9.5	20	4	16～50	16～50	16～50	19～50	16～50

1.2.10　尼龙膨胀锚栓各种墙体推荐的载荷

超级尼龙膨胀锚栓 SX 各种墙体推荐的载荷见表 1-34。

表 1-34　超级尼龙膨胀锚栓 SX 各种墙体推荐的载荷　　单位：kN

| 墙体类型 | 常用规格型号 | SX5×25 | SX6×30 | SX8×40 | SX10×50 |
	配套螺钉直径 强度等级	$\Phi4$	$\Phi5$	$\Phi6$	$\Phi8$
混凝土	≥C20、C25	0.30	0.65	0.70	1.20
实心砖	≥MU10	0.25	0.30	0.60	0.65
多孔砖	≥MU10	0.07	0.07	0.17	0.17
空心砌块	≥10	—	—	—	—
加气混凝土	≥A5.0	—	—	—	—

注：该数据适用于拉力、剪力和任何角度的受力。

通用框架尼龙膨胀锚栓 SXR 各种墙体推荐的载荷见表 1-35。

表 1-35　通用框架尼龙膨胀锚栓 SXR 各种墙体推荐的载荷　　单位：kN

| 墙体类型 | 常用规格型号 | SXR6 | SXR8 | SXR10 |
	配套螺钉直径 强度等级	$\Phi4.5$	$\Phi5$	$\Phi7$
混凝土	≥C20、C25	0.25	1.0	1.80
实心砖	≥MU10	0.20	1.71	0.71
多孔砖	≥MU10	0.10	0.57	0.57
空心砌块	≥10	—	0.71	0.71
加气混凝土	≥A2.0	—	—	0.14

注：该数据适用于拉力、剪力和任何角度的受力。

1.2.11　常见地方年平均木材平衡含水率值

常见地方年平均木材平衡含水率值见表 1-36。

表1-36 常见地方年平均木材平衡含水率值

各省市及城市名称	年平均平衡含水率/%	各省市及城市名称	年平均平衡含水率/%
北京	11.4	九江	15.8
黑龙江	13.6	湖南	16.0
哈尔滨	13.6	长沙	16.5
齐齐哈尔	12.9	衡阳	16.8
佳木斯	13.7	辽宁	12.2
牡丹江	13.9	沈阳	13.4
克山	14.3	大连	13.0
吉林	13.1	内蒙古	11.1
长春	13.3	呼和浩特	11.2
四平	13.2	天津	12.6
山东	12.9	山西	11.4
济南	11.7	太原	11.7
青岛	14.1	河北	11.5
河南	13.2	石家庄	11.8
郑州	12.4	新疆	10.0
洛阳	12.7	乌鲁木齐	12.7
安徽	14.9	宁夏	10.6
合肥	14.8	银川	11.8
芜湖	15.8	陕西	12.8
湖北	15.0	西安	14.3
武汉	15.4	青海	10.2
宜昌	15.4	西宁	11.5
浙江	16.0	重庆	15.9
杭州	16.5	云南	14.3
温州	17.3	昆明	13.5
江西	15.6	上海	16.0
南昌	16.0	江苏	15.3

各省市及城市名称	年平均平衡含水率/%	各省市及城市名称	年平均平衡含水率/%
南京	14.9	台湾（台北）	16.4
徐州	13.9	四川	14.3
福建	15.7	成都	16.0
福州	15.6	雅安	15.3
永安	16.3	康定	13.9
厦门	15.2	宜宾	16.3
崇安	15.0	甘肃	11.1
南平	16.1	兰州	11.3
广西	15.5	西藏	10.6
南宁	15.4	拉萨	8.6
桂林	14.4	昌都	10.3
广东	15.9	贵州	16.3
广州	15.1	贵阳	15.4
海南（海口）	17.3		

第 **2** 章
门、窗数据与尺寸

||||||||||||||||||| |||||||||||||||||||||||

2.1　门窗概述

▲ 2.1.1　木门窗成品允许尺寸与地面做法的门扇高度

2.1.1.1　基本知识

（1）木门窗成品允许尺寸见表 2-1。

表 2-1　木门窗成品允许尺寸　　　　单位：mm

成品名称	I（高）级			II（中）级 III（普）级			备注
	高	宽	厚	高	宽	厚	
木门窗框	±2	+2 −1	±1	±2	±2	±1	以立口尺寸计算
木门扇（含装 木围条的夹板门扇）	+2 −1	+2 −1	±1	±2	+2 −1	±1	以立口尺寸计算
木窗扇 亮窗扇	+2 −1	+2 −1	±1	±2	+2 −1	±1	以立口尺寸计算

（2）门窗制作的允许偏差见表 2-2 的规定。

表 2-2　门窗制作的允许偏差

项目	构件	允许偏差/ mm		检验方法
		普通	高级	
高度、宽度	框	0；-2	0；-1	可以用钢尺来检查，框量裁口里角，扇量外角
	扇	+2；0	+1；0	
裁口、线条结合处高低差	框、扇	1	0.5	可以用钢直尺与塞尺来检查
相邻棂子两端间距	扇	2	1	可以用钢直尺来检查
翘曲	框	3	2	可以将框、扇平放在检查平台上，用塞尺来检查
	扇	2	2	
对角线长度差	框、扇	3	2	可以用钢尺检查，框量裁口里角，扇量外角
表面平整度	扇	2	2	可以用1m靠尺和塞尺来检查

（3）地面做法的门扇高度见表 2-3。

表 2-3　地面做法的门扇高度

楼地面材料	门扇高/mm
水泥砂浆（无垫层）	门框口高-5
现浇水磨石	门框口高-15
铺地砖（无垫层）	门框口高-(15～20)
单层实铺木地板（无垫层）	门框口高-(25～30)

注：表均以门扇与地面间隙5mm为例。

（4）木门窗安装的留缝限值与允许偏差见表 2-4 的规定。

表 2-4　木门窗安装的留缝限值与允许偏差

项目	留缝限值/mm		允许偏差/mm		检查方法
	普通	高级	普通	高级	
门窗槽口对角线长度差	—	—	3	2	可以用钢尺来检查
门窗框的正、侧面垂直度	—	—	2	1	可以用1m垂直检测尺来检查

项 目	留缝限值/mm		允许偏差/mm		检查方法
	普通	高级	普通	高级	
框与扇、扇与扇接缝高低差	—	—	2	1	可以用钢直尺与塞尺来检查
门窗扇对口缝	1～2.5	1.5～2	—	—	可以用塞尺来检查
工业厂房双扇大门对口缝	2～5	—	—	—	
门窗扇与上框间留缝	1～2	1～1.5	—	—	
门窗扇与侧框间留缝	1～2.5	1～1.5	—	—	
窗扇与下框间留缝	2～3	2～2.5	—	—	
门扇与下框间留缝	3～5	3～4	—	—	
双层门窗内外框间距	—	—	4	3	可以用钢尺来检查

2.1.1.2 图例

常用木门的安装图例数据如图 2-1 所示。

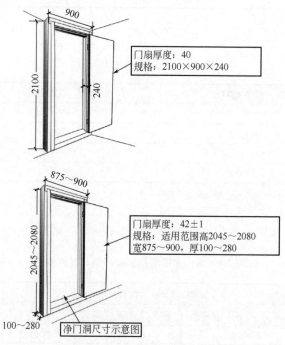

图 2-1 常用木门的安装图例数据（单位：mm）

2.1.2　钢门窗安装的留缝限值与允许偏差

钢门窗安装的留缝限值与允许偏差见表 2-5。

表 2-5　钢门窗安装的留缝限值与允许偏差

项　目		留缝限值/mm	允许偏差/mm	检验方法
门窗槽口宽度、高度	门窗规格≤1500mm	—	2.5	可以用钢尺检查
	门窗规格>1500mm	—	3.5	
门窗槽口对角线长度差	门窗规格≤2000mm	—	5	可以用钢尺检查
	门窗规格>2000mm	—	6	
门窗横框的水平度		—	3	可以用 1m 垂直检测尺来检查
门窗框、扇配合间距		≤2	—	可以用钢尺来检查
门窗框标高		—	5	可以用钢尺来检查
门窗框的正面、侧面垂直度		—	3	可以用 1m 垂直检测尺来检查
门窗竖向偏离中心		—	4	可以用钢尺来检查
双层门窗内外框间距		—	5	可以用钢尺来检查
无下框时门扇与地面间留缝		4~8	—	可以用钢尺来检查

2.1.3　铝合金门窗组装允许偏差

（1）铝合金门窗组装允许偏差见表 2-6。

表 2-6　铝合金门窗组装允许偏差

项　目	尺寸范围/mm	允许偏差/mm	
		门	窗
门窗宽度、高度构造内侧尺寸	L<2000	±1.5	
	2000<L≤3500	±2.0	
	L≥3500	±2.5	

续表

项　目	尺寸范围/mm	允许偏差/mm	
		门	窗
门窗宽度、高度构造内侧对边尺寸差	$L<2000$	+2.0 0.0	
	$2000 \leqslant L<3500$	+3.0 0.0	
	$L \geqslant 3500$	+4.0 0.0	
门窗框、扇搭接宽度	—	±2.0	±1.0
型材框、扇杆件接缝表面高低差	相同截面型材	±0.3	
	不同截面型材	±0.5	
型材框、扇杆件装配间隙	—	+0.3 0.0	

注：L 为门窗的宽度和高度。

（2）铝合金门窗金属附框允许偏差见表2-7。

表2-7　铝合金门窗金属附框允许偏差

项目	允许偏差值/mm	检测方法
金属附框高、宽偏差	±3.0	钢卷尺
对角线尺寸偏差	±4.0	钢卷尺

（3）塑料门窗洞口宽度或者高度允许偏差见表2-8。

表2-8　塑料门窗洞口宽度或者高度允许偏差

单位：mm

洞口类型 / 洞口宽度或高度		<2400	2400~4800	>4800
不带附框洞口	未粉刷墙面	±10	±15	±20
	已粉刷墙面	±5	±10	±15
已安装附框的洞口		±5	±10	±15

2.1.4　塑料门窗安装的允许偏差

塑料门窗安装的允许偏差见表 2-9。

表 2-9　塑料门窗安装的允许偏差

项　　目		允许偏差/mm	检验方法
门窗槽口宽度、高度	门窗规格≤1500mm	2	可以用钢尺来检查
	门窗规格>1500mm	3	
门窗槽口对角线长度差	门窗规格≤2000mm	3	可以用钢尺来检查
	门窗规格>2000mm	5	
门窗横框标高		5	可以用钢尺来检查
门窗横框的水平度		3	可以用 1m 水平尺和塞尺来检查
门窗框的正、侧面垂直度		3	可以用垂 1m 垂直检测尺来检查
门窗竖向偏离中心		5	可以用钢直尺来检查
平开门窗扇铰链部位配合间隙		+2，-1	可以用钢直尺来检查
双层门窗内外框间距		4	可以用钢尺来检查
同樘平开门窗相邻扇高度差		2	可以用钢直尺来检查
推拉门窗扇与框搭接量		+1.5，-2.5	可以用钢直尺来检查
推拉门窗扇与竖框平行度		2	可以用钢直尺来检查

2.1.5　门窗套安装的允许偏差

门窗套安装的允许偏差见表 2-10。

表 2-10　门窗套安装的允许偏差

项目	允许偏差/mm	检验方法
正、侧面垂直度	2	可以用 2m 垂直检测尺来检查
门窗套上口水平度	3	可以用 1m 水平检测尺与塞尺来检查
门窗套上口直线度	2	可以拉 5m 线，不足 5m 拉通线，可以用钢直尺来检查

2.1.6　洞口与门窗的间隙

洞口与门窗的间隙要求见表 2-11。

表 2-11　洞口与门窗的间隙要求

墙体外饰面材料	洞口与门窗框缝隙/mm
清水墙及附框	10
水泥砂浆或贴陶瓷锦砖	15~20
贴釉面瓷砖	20~25
贴大理石或花岗石板	40~50
外保温墙体	保温层厚度+10

2.1.7　门窗玻璃安装

（1）门窗玻璃品种规格见表 2-12。

表 2-12　门窗玻璃品种规格

项目	规 格 数 据
常见玻璃产品的厚度	有 3mm、5mm、6mm、8mm、10mm、12mm 等。有的是根据要求选用与定做的
门窗玻璃小板	1372mm×2200mm、1650mm×2200mm、1524mm×2200mm、1500mm×2000mm 等
门窗玻璃中板	1829mm×2134mm、1829mm×2440mm、1370mm×2440mm、1650×2440mm 等
门窗玻璃大板	2438mm×2134mm、3048mm×2134mm、3300mm×2440mm、3050mm×2440mm 等

（2）钢化玻璃外观质量有关数据见表 2-13。

表 2-13　钢化玻璃外观质量关数据

缺陷	说　　明	允许缺陷数	
		优等品	合格品
爆边	每片玻璃每米边上允许有长度不超过 10mm，自玻璃边部向玻璃表面延伸深度不超过 2mm，自板面向玻璃厚度延伸深度不超过厚度三分之一的爆边	不允许	1 个

续表

缺陷	说　　明	允许缺陷数	
		优等品	合格品
划伤	宽度在 0.1mm 以下的轻微划伤，每平方米面积内允许存在条数	长≤50mm 4 条	长≤100mm 4 条
	宽度大于 0.1mm 以下的划伤，每平方米面积内允许存在条数	宽 0.1～0.5mm 长≤50mm 1 条	宽 0.1～1mm 长≤100mm 4 条
缺角	玻璃的四角缺陷以等分角线计算，长度在 5mm 范围之内	不允许有	1 个
夹钳印	夹钳印中心与玻璃边缘的距离	玻璃厚度宽≤9.5mm 时，≤13mm 玻璃厚度宽>9.5mm 时，≤19mm	

（3）夹丝玻璃外观质量有关数据见表 2-14。

表 2-14　夹丝玻璃外观质量有关数据

项目	说明	优等品	一等品	合格品
异物	破坏性的	不允许		
	直径 0.5～2.0mm 非破坏性的，每平方米面积内允许个数	3 个	5 个	10 个
金属丝	金属丝夹入玻璃体内状态	应夹入玻璃体内，不得露出表面		
	脱焊	不允许	距边部 30mm 内不限	距边部 100mm 内不限
气泡	直径 3～6mm 的圆气泡每平方米面积内允许个数	5 个	数量不限，但是不允许密集	
	每平方米面积内允许气泡个数	长 6～8mm 2 个	长 6～10mm 10 个	长 6～10mm，10 个 长 6～20mm，4 个

（4）夹层玻璃外观质量有关数据见表 2-15。

表 2-15 夹层玻璃外观质量有关数据

缺陷种类	说明	优等品	一等品	合格品
线道	因设备造成板面上的横向线道	不允许		
	纵向线道允许偏差/条	50mm 边部 1	50mm 边部 2	3
热圈	局部高温造成板面凸起	不允许		
皱纹	板面纵横分布不规则波纹状缺陷，每平方米面积允许条数/条	长<100mm 1	长<100mm 2	—
伤痕	压辊受损造成的板面缺陷，直径 5～20mm，每平方米面积上允许条数/条	2	4	6
	宽 0.2～1mm、长 5～100mm 的划伤，每平方米面积上允许条数/条	2	4	6
图案缺陷	图案偏斜，每米长度允许最大距离/mm	8	12	15
	花纹变形度 P（P 表示缺陷的数量）/个	8	4	6
气泡	长度≥2mm 的每平方米面积上允许个数/个	≤10mm 5	≤20mm 10	≤20mm 10 20～30mm 5
夹杂物	压辊氧化脱落造成的 0.5～2mm 黑色点状缺陷，每平方米面积上允许个数/个	不允许	5	10
	0.5～2mm 的结石、砂粒，每平方米面积上允许个数/个	2	5	10

2.2 门数据与尺寸

2.2.1 室内门尺寸与规格

2.2.1.1 基本知识

门主要作为人的出入口。家用标准门一般分为四种规格，其由建筑洞口的宽度与高度组成的四位数字表示的。例如：门洞的宽度为 1m，高度为 2.1m，则其规格为 1021。家用标准门常用规格为 0920、0921、1020、1021 等。

室内门有关尺寸与规格见表 2-16。

表 2-16　室内门有关尺寸与规格

尺寸规格/mm	解　　说
850～1000	单开大门宽一般为 850～1000mm。大门宽度稍微大气点，会给人大方得体的感觉
1050～1200	子母门（一个大一个小的门）一般总宽度为 1050～1200mm
300	子母门（一个大一个小的门）中的子门一般宽度大约为 300mm
750～900	一般卧室的门宽为 750～900mm
800～850	考虑有比较魁梧的人通行时，卧室的门宽为 800～850mm
1400～2000	厨房门总宽度为 1400～2000mm 不等
700～800	厨房单开门一般宽度为 700～800mm
550～600	洗手间门（厕所门）一般宽度为 550～600mm
600	通常情况下，门宽是 600mm 的只为特定情况下的尺寸
700	多数卫生间的门宽为 700mm 左右

全装修住宅套内房间门扇的最小尺寸要求见表 2-17。

表 2-17　全装修住宅套内房间门扇的最小尺寸要求

功能空间	门扇宽度/m	门扇高度/m
起居室、餐厅、卧室	0.85	2.05
厨房	0.70	2.05
卫生间	0.65	2.05
储藏室	0.60	1.95

2.2.1.2　图例

实际工程中设计、选择门的尺寸可以根据人肩宽度加上余量来决定。我国成年男性平均身高为 167cm，则门的高度最低要求为 190～240cm，如图 2-2 所示。

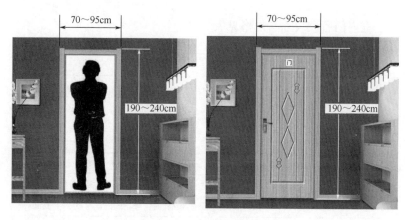

图 2-2　门的最低高度

2.2.1.3　技巧一点通

标准入户门洞尺寸大约为 0.9m×2m，房间门洞尺寸大约为 0.9m×2m，厨房门洞尺寸大约为 0.8m×2m，卫生间门洞尺寸大约为 0.7m×2m。

门洞测量方法与要求如图 2-3 所示。

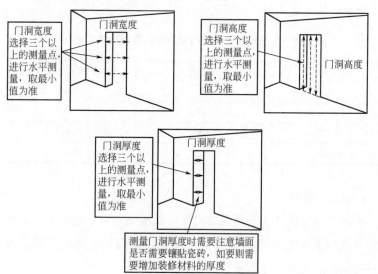

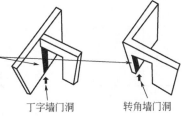

转角墙和丁字墙门洞(涂黑区域)在安装前
应先在平面的那一侧做"假墙",宽度不
少于30～40mm,否则无法安装门套或门
套线安装后会出现左右不对称现象

丁字墙门洞   转角墙门洞

图 2-3　门洞测量方法与要求

入户门不等于防盗门。入户门是进入家里的第一道门,入户门
的大小是一个很重要的因素。一般标准的进户门宽度有 96cm、86cm
两种。入户门宽度尺寸一般为 110～120cm。

2.2.2　木门类型尺寸

木门类型尺寸如图 2-4 所示。

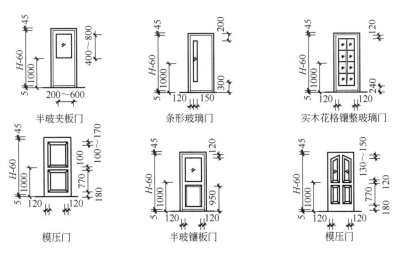

半玻夹板门　　　　条形玻璃门　　　　实木花格镶整玻璃门

模压门　　　　半玻镶板门　　　　模压门

图 2-4

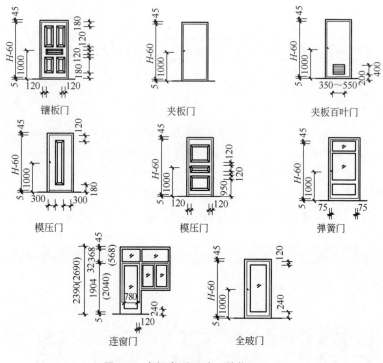

图 2-4　木门类型尺寸（单位：mm）

H—木门安装洞口高度

2.2.3　防盗门尺寸与规格

2.2.3.1　基本知识

根据有关规定，合格的防盗门在 15min 内利用凿子、螺丝刀等普通手工具、手电钻等便携式电动工具无法撬开。另外，合格的防盗门在锁定点 150mm² 的半圆内不能够开一个 38mm² 的开口，或在门扇上不能够开一个 615mm² 的开口。

防盗门有关数据尺寸如下：高度有 2050mm、1970mm 两种；宽度为 860mm、960mm 两种，组合尺寸为 2050mm×860mm、

2050mm×960mm、1970mm×860mm、1970mm×960mm。

2.2.3.2 图例

防盗门洞的测量技巧如图 2-5 所示。

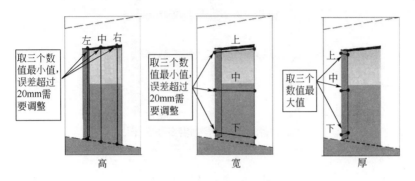

图 2-5 防盗门洞的测量技巧

2.2.3.3 技巧一点通

如果用户门洞高度为 2070mm，则选择使用总高为 2050mm 的门框即可，从而留出大约 20mm 的余量，以便安装调节。

2.2.4 厨房移门尺寸与选择

2.2.4.1 基本知识

一些家庭使用的独立厨房需要用到厨房门，普通的推拉门对室内装修具有一定的影响，与墙面平行的厨房移门成为了消费者的一种选择。厨房移门型材主要有木质、不锈钢、铝质、铝镁合金、中空玻璃等型材类型。

常规的厨房移门数据尺寸如下：厨房移门宽度每扇最小尺寸不能小于 600mm，也就是移门宽度的最小尺寸大约为 1200mm。

2.2.4.2 图例

某一款移门尺寸如图 2-6 所示。

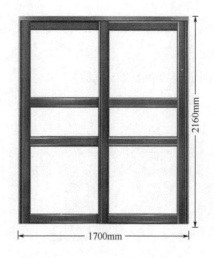

图 2-6　某一款移门尺寸

2.2.4.3　技巧一点通

　　厨房移门尺寸的选择需要根据厨房大小和室内环境的比例来确定厨房移门尺寸的大小。

　　移门多用作橱柜门、壁柜门、隔断门、衣帽间门、浴室门等。推拉门多用作阳台门、卫生间门、厨房门、入户门等。

2.2.5　推拉门的尺寸与规格

2.2.5.1　基本知识

　　推拉门尺寸一般是根据需要的尺寸大小而确定，并当场测量。但是，也得需要掌握推拉门的一般尺寸与规格。一般而言，大推拉门的厚度为 50mm、75mm、100mm，多数为 100mm。小推拉门的厚度为 35mm、40mm、50mm，多数为 40mm。衣柜推拉门的厚度为 20mm、35mm、40mm，板材多数为 50mm。采用玻璃或银镜做门芯时，推拉门一般用 5mm 厚的材质。采用木板做门芯时，推拉门一般用10mm厚的材质。一般房间单侧推拉门，至少需要留650mm的净宽。卫生间双向推拉门，单股人流，需要留 650mm 的通道，门宽大约为 1300mm。卫生间双向推拉门，双股人流，门宽大约为 2200mm。

2.2.5.2　技巧一点通

不同推拉门的厚度要求是不同的，采用不同材质的推拉门的厚度要求也不同。如果一般卫生间做推拉门，推到一面墙上即可。

2.2.6　厨房推拉门尺寸与选择

2.2.6.1　基本知识

厨房推拉门有关数据与尺寸见表 2-18。

表 2-18　厨房推拉门有关数据与尺寸

尺寸数据	解　说
门扇厚度的一半+20mm	上滑道安装——上滑道安装时，必须根据门洞宽度和开启方向的要求将其同门梁或雨篷梁进行固定。滑道中心线与彩板外墙或砖墙外边的尺寸一致并且其尺寸为门扇厚度的一半外加 20mm 的间隙
0～10mm	门扇调整——门扇均已挂好后将两个门扇均推到门洞中心位置，并且将其贴紧按室外地坪标高的要求将门扇下扁钢调到地坪上表面 0～10mm，同时调整两门扇连接处的缝隙到最小且侧边垂直于地面
10mm	门上限位器安装——安装门扇全部调整完后将门扇分别全部关闭与推开，根据其位置将上滑道底部或内部用角钢上限位器焊接在距离滑轮边 10mm 的地方，使门扇的开启区域限制在其有效范围内
20mm	门上限位器——角钢与滑轮接触的地方设置不小于 20mm 的硬质橡胶垫作为缓冲
10～15mm	导饼与门下限位器安装——导饼中心线定位可根据门扇下扁钢的实际位置进行定位，导饼露出地面为 10～15mm
500mm	导饼与门下限位器安装——导饼中心线定位可根据门扇下扁钢的实际位置进行定位，间距为 500mm
10～20mm	导饼与门下限位器安装——下限位器定位时以将门扇推到距外边 10～20mm 的位置外埋入混凝土中或者混凝土施工完后用膨胀螺栓固定
12cm	轨道盒尺寸——厨房推拉门上部的轨道盒尺寸需要保证其高为 12cm
9cm	轨道盒尺寸——厨房推拉门上部的轨道盒尺寸需要保证其宽为 9cm

2.2.6.2 技巧一点通

正常门的黄金尺寸大约为 80cm×200cm，在该种结构下，门是相对稳定的。如果门高于 200cm，或者更高的情况下做推拉门，最好在面积保持不变的前提下，把门的宽度缩窄或多做几扇推拉门，以保持门的稳定性与安全性。

厨房单扇推拉门一定要有推拉门推开的位置。

2.2.7 浴室推拉门尺寸与选择

浴室推拉门有关数据与尺寸见表 2-19。

表 2-19 浴室推拉门有关数据与尺寸

尺寸数据/mm	解　说
650	淋浴间推拉门单向一般至少留 650mm 的净宽
650	淋浴间推拉门双向一般留 650mm 的通道
1300	淋浴间推拉门双向门宽至少为 1300mm
2200	有双股人流同时通过淋浴间时，门宽至少为 2200mm

2.2.8 卧室移门尺寸与选择

卧室移门有关数据与尺寸见表 2-20。

表 2-20 卧室移门有关数据与尺寸

项　目	尺寸数据
滑动移门单扇宽度	60～120cm
滑动移门单扇最大高度	2.6m
卧室衣柜移门单扇宽度	60～180cm
卧室衣柜移门单扇最大高度	3.0m
卧室移门折叠门单扇宽度	30～40cm
卧室移门折叠门单扇最大高度	2.2m

项　　目	尺寸数据
卧室双轨滑动门预留轨道尺寸（柜体制作时要预留出安装位置）	10cm
卧室三轨滑动门预留轨道尺寸（柜体制作时要预留出安装位置）	13cm
卧室折叠门预留轨道尺寸（柜体制作时要预留出安装位置）	8cm
卧室双轨隔断门预留轨道尺寸（柜体制作时要预留出安装位置）	10cm
卧室三轨隔断门预留轨道尺寸（柜体制作时要预留出安装位置）	13cm

2.2.9　阳台推拉门有关数据与尺寸

在设计、安装阳台推拉门时，首先需要确定阳台大小的尺寸，然后根据实际情况设计、安装相应的阳台推拉门高度尺寸。由于阳台大小的差异性，因此阳台推拉门尺寸也没有硬性规定。但是，需要考虑整体的协调性。为此，下面的阳台推拉门有关尺寸数据仅供参考：

3m 长的阳台，阳台推拉门尺寸的高度一般为 2.4m 以内，也就是可以做 4 扇门，每扇宽 0.750m。如果阳台推拉门尺寸的高度直到梁底，则也可以根据两扇开 1.5m 宽，三扇开 1m 宽来设计、安装。

确定阳台推拉门尺寸后，可以考虑推拉门的厚度：如果采用玻璃或银镜做门芯，则一般选择 5mm 厚的材质。

2.2.10　门拉手尺寸与应用数据

2.2.10.1　基本知识

门拉手是用于安装在门体上，以方便开关门的一种部件。有的门拉手就是锁的拉手，具体一些门拉手的参考尺寸见表 2-21。

表 2-21 具体一些门拉手的参考尺寸   单位：mm

风格	参考尺寸	常用尺寸
欧式古典锁把手	130～150	140
简欧锁把手	120～140	130
中式古典锁把手	120～140	130
现代锁把手	120～130	130

常见门拉手的参考数据尺寸如图 2-7 所示。

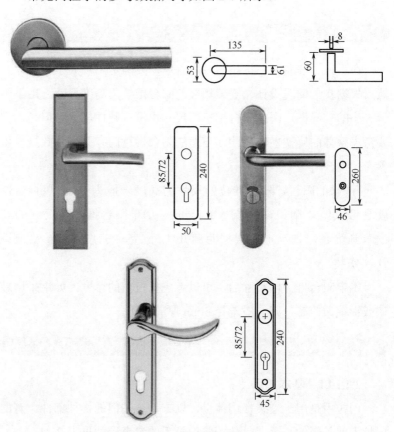

图 2-7 常见门拉手的参考数据尺寸

门把手的安装高度一般为 80～100cm，门把手离地面高度一般为 110cm，常用防盗门把手的高度大约为 113cm。

门拉手位置与身高有关，一般办公室拉手位置大约为 100cm，一般家庭拉手位置高为 80～90cm。幼儿园的拉手位置更低一些。

2.2.10.2　技巧一点通

门的拉手位置需要设置、安装在最省力的位置，即能够发出最大操作力的位置。门把手的高度没有一个硬性规定，需要考虑家居成员身高、生活习惯等来考虑。其中，考虑家居成员身高时，需要考虑小孩子的情况。考虑生活习惯时，如果习惯的是前臂水平开门，则门把手高度可以设计、安装到肘关节的高度。

2.3　窗尺寸数据

2.3.1　窗的尺寸与规格

窗有关数据与尺寸见表 2-22。

表 2-22　窗有关数据与尺寸

尺寸数据/mm	解　　说
400～1800	窗的常用尺寸宽为 400～1800mm（不包括组合式窗）
800～1200	室外窗高 1500mm，则窗台距地面高度为 800～1200mm
800～1200	窗台基本高度为 800～1200mm
900～1000	室内窗高 1000mm，则左右窗台距地面高度为 900～1000mm

2.3.2　窗台板安装的允许偏差

窗台板安装的允许偏差见表 2-23。

表 2-23　窗台板安装的允许偏差

项目	允许偏差/mm	检验方法
两端出墙厚度差	3	可以用钢直尺来检查
两端距窗洞口长度差	2	可以用钢直尺来检查
上口、下口直线度	3	可以拉 5m 线，不足 5m 拉通线，可以用钢直尺来检查
水平度	2	可以用 1m 水平尺与塞尺来检查

2.3.3　窗帘盒安装的允许偏差

窗帘盒安装的允许偏差见表 2-24。

表 2-24　窗帘盒安装的允许偏差

项　目	允许偏差/mm	检验方法
水平度	2	可以用 1m 水平尺和塞尺检查
上口、下口直线度	3	可以拉 5m 线，不足 5m 拉通线，可以用钢直尺来检查
两端距窗洞口长度差	2	用钢直尺来检查
两端出墙厚度差	3	用钢直尺来检查

第 3 章
柜橱类、吧台数据与尺寸

3.1　柜橱类与吧台概述

3.1.1　木制柜主要尺寸与公差

（1）木制柜主要尺寸见表 3-1。

表 3-1　木制柜主要尺寸

项目	要求/mm		项目分类	
			基本项目	一般项目
衣柜	挂衣空间深度≥530		√	
	折叠衣物放置空间深≥450			√
	挂衣棍上沿至底板内表面间距	挂长衣≥1400		√
		挂短衣≥900		

项目	要求/mm	项目分类	
		基本项目	一般项目
文件柜	净深≥245		√
	层间净高≥300		√
底板离地净高	产品底板离地面净高应不小于100mm		√

注：其他功能、特殊规格尺寸的木制柜由供需双方协定。

（2）木制柜形状与位置公差见表3-2。

表3-2　木制柜形状与位置公差

项目	要求/mm			项目分类	
				基本项目	一般项目
邻边垂直度	面板	对角线长度（不限）	≤2.0		√
		对边长度≥1000	≤2.0		√
		对边长度<1000	≤1.0		√
	框架	对角线长度≥1000	≤3.0		√
		对角线长度<1000	≤2.0		
		对边长度≥1000	≤2.0		√
		对边长度<1000	≤1.0		
翘曲度	面板、正视面板件	对角线长度≥1400	≤3.0		√
		700≤对角线长度<1400	≤2.0		√
		对角线长度<700	≤1.0		√
平整度	面板、正视面板件		≤0.2		√
位差度	门与框架、门与门、抽屉与框架、抽屉与门、抽屉与抽屉相邻两表面间的距离偏差（非设计要求的距离）		≤2.0		√
分缝	所有分缝（非设计要求时）		≤2.0		√
下垂度	抽屉	下垂	≤20		√
摆动度		摆动	≤15		√
着地平稳性			≤2.0		√

3.1.2 厨房家具数据与尺寸

3.1.2.1 基本知识

厨房家具尺寸要求见表 3-3。

表 3-3 厨房家具尺寸要求

项目	技 术 要 求		项目分类		
			基本	分级	一般
主要尺寸/mm	底柜高度 H_d	700~900	√		
	底柜深度 T_d	≥450	√		
	台面伸出量 T_0	10~30			√
	吊柜深度 T_g	≤400			√
	底座凹口的高度 H_a	≥100			√
	底座凹口的深度 T_a	≥50			√
	后挡水板的高度 H_0	≥30			√

注：有特殊要求的厨房家具，其尺寸要求由供需双方协定。

3.1.2.2 图例

（1）厨房家具尺寸图例如图 3-1 所示。

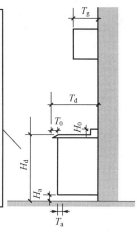

名 称	说 明	符号
底柜高度	地面至台面的垂直距离	H_d
底柜深度	台面前边沿与其后端面边沿之间的水平距离	T_d
台面伸出量	台面前端边沿与相应的底柜门面板之间的水平距离	T_0
吊柜深度	吊柜前后端面之间的水平距离	T_g
底座凹口的高度	地面至底柜底座上端面的垂直净空高度	H_a
底座凹口的深度	底柜底座前端面至门面板前端边沿垂线之间的水平距离	T_a
后挡水板的高度	挡水板顶端至台面的垂直距离	H_0

图 3-1 厨房家具尺寸图例

（2）厨房家具的配合尺寸如图 3-2 所示。

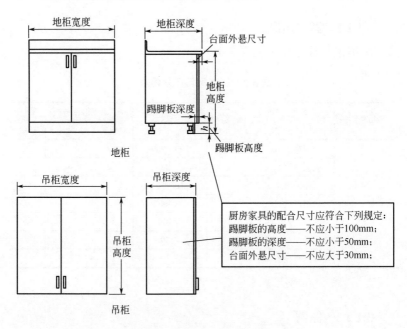

图 3-2　厨房家具的配合尺寸

3.1.3　厨房家具的模数

（1）灶柜模数系列见表 3-4。

表 3-4　灶柜模数系列

项　　目	灶柜模数系列
宽度 W	6M、（7.5M）、8M、9M、10M、12M
深度 D	5.5M、6M、6.5M、7M
高度 H	7.5M、8M、8.5M、9M、（9.5M）

注：1. M 是国际通用的建筑模数符号，1M=100mm。

2. 括号内的模数系列不推荐使用。

（2）洗涤柜模数系列见表 3-5。

表 3-5　洗涤柜模数系列

项　　目	洗涤柜模数系列
宽度 W	6M、8M、9M、12M
深度 D	5.5M、6M、6.5M、7M
高度 H	7.5M、8M、8.5M、9M、（9.5M）

注：括号内的模数系列不推荐使用。

（3）操作台柜模数系列见表 3-6。

表 3-6　操作台柜模数系列

项　　目	操作台柜模数系列
宽度 W	1.5M、2M、3M、4M、4.5M、5M、6M、7.5M、8M、9M、10M、12M
深度 D	5.5M、6M、6.5M、7M
高度 H	7.5M、8M、8.5M、9M、（9.5M）

注：括号内的模数系列不推荐使用。

（4）吊柜模数系列见表 3-7。

表 3-7　吊柜模数系列

项　　目	吊柜模数系列
宽度 W	3M、3.5M、4M、4.5M、5M、6M、7M、7.5M、8M、9M
深度 D	3.2M、3.5M、4M
高度 H	5M、6M、7M、8M、9M

3.1.4　厨房设备嵌入柜体的开口高度

厨房设备嵌入柜体的开口高度见表 3-8。

表3-8 厨房设备嵌入柜体的开口高度

单位：mm

家具宽度	开口高度																						
	330	360	420	450	480	560	590	680	720	770	820	880	1080	1180	1220	1280	1380	1480	1580	1680	1780	1880	1980
450（4.5M）	+	+	+	-	-	-	-	-	++	++	++	+											
500（5M）	+	+	+	+	-	-	+	-	++	++	++		-		-		-	-	-		-		-
600（6M）	+	+	++	++	++	++	++	++	++	++	++	+	-		++		+	+	+		+		-
700（7M）	-		-	-	-	-	+	-	-	-	-	-	-		-		-	-	-		-		-
800（8M）	-		-	-	-	-	+	-	-	-	-	-	-		-		-	-	-		-		-
900（9M）	-		-	-	-	-	+	-	-	-	-	-	-		-		-	-	-		-		-

注：1. 开口高度的误差为：$^{+10}_{0}$ 。

2. 所有高度尺寸均用于550mm深度，此外330mm、360mm、420mm、450mm宜考虑用于310mm深度。

3. "++"表示第一优先选择尺寸；

"+"表示第二优先选择尺寸；

"-"表示可以接受，但不推荐采用的尺寸；

其余为不应采用的尺寸。

3.1.5　厨房嵌入式灶具开口宽度

厨房嵌入式灶具开口宽度见表 3-9。

表 3-9　嵌入式灶具开口宽度

厨房家具宽度	开口宽度/mm						
	280	530	560	600	660	700	760
600（6M）	+	+	+				
750（7.5M）	–	–	–	+	–		
800（8M）	++	++	++	++	++	+	–
900（9M）	+	++	++	++	++	+	+

注：1. 开口宽度的误差为：$^{+10}_{0}$。

2. "++"表示第一优先选择尺寸；

"+"表示第二优先选择尺寸；

"–"表示可以接受，但不推荐采用的尺寸。

其余为不应采用的尺寸。

3.1.6　抽烟机与吊柜组合时的预留宽度与最大宽度

抽烟机与吊柜组合时，抽烟机预留宽度与抽烟机最大宽度见表 3-10。

表 3-10　抽烟机与吊柜组合时，抽烟机预留宽度与抽烟机最大宽度

预留空间宽度/mm	抽油烟机的最大宽度/mm
600（6M）	595^{0}_{-10}
700（7M）	695^{0}_{-10}
750（7.5M）	745^{0}_{-10}
800（8M）	795^{0}_{-10}
900（9M）	895^{0}_{-10}
1000（10M）	995^{0}_{-10}
1200（12M）	1195^{0}_{-10}

3.2 柜橱类数据与尺寸

3.2.1 玄关柜的尺寸数据

3.2.1.1 基本知识

玄关柜大多数是用来当鞋柜用,其有关尺寸见表 3-11。

表 3-11 玄关柜有关尺寸

数据尺寸/mm	解　　说
1000	家用的玄关鞋柜宽和高大约为 1000mm
200	家用的玄关鞋柜放普通拖鞋的层板相隔距离大约为 200mm
350×400	家用的玄关鞋柜放其他鞋的层板相隔距离大约为 350mm×400mm
300～400	鞋柜深度一般为 300～400mm

3.2.1.2 图例

鞋柜深度的依据如图 3-3 所示。

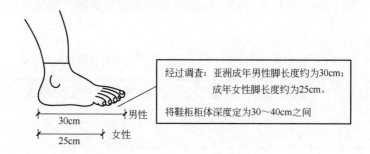

经过调查:亚洲成年男性脚长度约为30cm;成年女性脚长度约为25cm。

将鞋柜柜体深度定为30～40cm之间

男性 30cm

女性 25cm

图 3-3　鞋柜深度的依据

3.2.1.3 技巧一点通

设计鞋柜时,一定要考虑到家中的实际情况来确定鞋柜尺寸、鞋柜内部尺寸及鞋柜摆放位置情况。为此,需要了解玄关鞋柜有关尺寸标准。

3.2.2　鞋柜、边柜的尺寸与选择

3.2.2.1　基本知识

鞋柜、边柜的尺寸见表3-12。

表3-12　鞋柜、边柜的尺寸

项　　目	尺寸/mm
鞋柜的宽度	300～600
鞋柜的高度	800
鞋柜的厚度	320～350
边柜的深度	350～450

3.2.2.2　技巧一点通

如果鞋柜深度不够，则鞋柜的层板可以做成斜插式的。

3.2.3　梳妆台尺寸与规格

3.2.3.1　基本知识

梳妆台尺寸见表3-13。

表3-13　梳妆台尺寸

项　　目	尺寸
卧室梳妆台的尺寸	卧室梳妆台标准尺寸的总高度大约为1500mm，总宽度为700～1200mm
一般正常标准的梳妆台的尺寸	高度大约为1730mm，长度大约为1280mm，宽度大约为450mm
大号梳妆台的规格尺寸	大约为400mm×1300mm×700mm 等
中号梳妆台的规格尺寸	大约为400mm×1000mm×700mm 等
小号梳妆台的规格尺寸	大约为400mm×800mm×700mm 等

续表

项 目	尺 寸
梳妆台采用大面积镜面的一类梳妆台的高度	梳妆台采用大面积镜面，能够使梳妆者大部分显现在镜中，并增添室内的宽敞感。该类梳妆台高度为 450～600mm
梳妆者可将腿放入台面下的一类梳妆台的高度	梳妆者可将腿放入台面下，具有人离镜面近、面部清晰、便于化妆等特点。该类梳妆台高度为 700～740mm

3.2.3.2 技巧一点通

家庭装修前的前期准备时，一般需要确定好梳妆台尺寸大小，以及梳妆台尺寸与房间的格调、风格的统一关系。梳妆台尺寸中最为需要关注的是梳妆台的高度。一般而言，由于每个人的身高、坐姿的高度不是一个标准，因此，梳妆台尺寸也需要根据卧室的具体尺寸、个人特点来选择。另外，梳妆台里面的镜子也需要根据整体的尺度来考虑设定好。

3.2.4 壁柜的允许偏差

壁柜的允许偏差见表 3-14。

表 3-14 壁柜的允许偏差

项 目	允许偏差/mm	检验方法
框正侧面垂直度	3	用 1m 托线板检查
框对角线	2	尺量检查
框与扇、扇与扇接触处高低差	2	用直尺和塞尺检查
框与扇、扇对口间留缝宽度	1.5～2.5	用塞尺检查

3.2.5 台盆柜尺寸与规格

3.2.5.1 基本知识

台盆柜的大小没有统一尺寸，可以根据实际需求来选择。台盆柜常规尺寸见表 3-15。

表 3-15　台盆柜常规尺寸

项　目	尺寸/m
台盆柜的长度	1.5
台盆柜的宽度	0.58
台盆柜的高度	0.81
台盆柜的支脚高度	0.19
台盆柜的板材厚度	0.06
台盆柜的抽屉长度	0.64
柜台下面的抽屉一般高度	0.15～0.2

3.2.5.2　技巧一点通

台盆柜在定制、选购时很多人都把重心放在产品材质、设计上，但是有些产品没用多久就发生柜体不稳等现象。其实这除了与柜子本身质量有关系外，也与安装不当、尺寸不当等因素有关。

3.2.6　浴室柜尺寸与规格

3.2.6.1　基本知识

浴室柜尺寸见表 3-16。

表 3-16　浴室柜尺寸

项　目	尺寸/mm
浴室柜标准尺寸长度	800～1000
浴室柜标准尺寸宽度（墙距）	450～500

某款 PVC 组合落地式浴室柜尺寸见表 3-17。

表 3-17　某款 PVC 组合落地式浴室柜尺寸　　　单位：cm

规格	主柜 （长×宽×高）	镜柜 （长×深×高）	镜子 （长×高）	陶瓷盆内径 （长×宽）	陶瓷盆外径 （长×宽）
60	57×45.5×81	60×13×84	60×83	43×30	62×48
70	67×45.5×81	70×13×84	70×83	47×30	72×48

续表

规格	主柜 （长×宽×高）	镜柜 （长×深×高）	镜子 （长×高）	陶瓷盆内径 （长×宽）	陶瓷盆外径 （长×宽）
80	77×45.5×81	80×13×84	80×83	54×30	82×48
90	87×45.5×81	90×13×84	90×83	50×30	92×48
100	97×45.5×81	100×13×84	100×83	54×30	102×48
120	117×45.5×81	100×13×84	100×83	60×30	122×48

3.2.6.2 技巧一点通

浴室柜除了常用的标准尺寸外，长度有的为 1200mm。一般欧式、简欧浴室柜尺寸要大一些，因为大部分需要加上边柜，尺寸可达到 1600mm。镜柜一般安装在主柜中间位置，两边各缩进 50～100mm，高度大约为 250mm。

3.2.7 书柜尺寸规格与选择

3.2.7.1 基本知识

家用书柜是一种书房家具。书柜尺寸见表 3-18。

表 3-18 书柜尺寸 单位：mm

项目	柜体外形宽 B	柜体外形深 T	柜体外形高 H	层间净高 H_s
尺寸	600～900	300～400	1200～2200	≥250

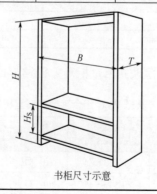

书柜尺寸示意

注：当有特殊要求，各类尺寸不受此限。

实际工程中书柜有关数据与尺寸见表 3-19。

表 3-19　实际工程中书柜有关数据与尺寸

项目	解说
书柜宽度	有的两门书柜宽度尺寸为 500～650mm，有的三门书柜宽度尺寸为 660～810mm。有的四门书柜宽度尺寸为 1000～1150mm
特殊的转角书柜、大型书柜尺寸宽度	一些特殊的转角书柜、大型书柜尺寸宽度可以达到 1000～2000mm，甚至更宽
书柜高度	一般两门书柜高度为 1200～2100mm 为宜，超过该高度尺寸，一般需要用到梯子来辅助拿取书，影响实用性。图书馆藏书空间特别大的到顶的书柜，书柜高度尺寸可以高达 3000mm
书架深度	现代书柜书架深度尺寸设计为 280～350mm。下大上小型书柜的下方深度为 350～450mm
书柜隔板的高度与宽度	（1）书柜隔板的高度 以 16 开书籍的尺寸标准设计的书柜隔板高度尺寸，层板高度尺寸为 280～300mm。以 32 开书籍为标准设计的隔板高度尺寸，层板高度为 240～260mm。一些不常用的比较大规格的书籍的尺寸通常在 300～400mm 及以上，则设置层板高度为 320～420mm。音像光盘格位的高度只要 150mm （2）书柜隔板的宽度 采用实木格板，极限宽度一般大约为 1200mm。采用 18mm 厚度的刨花板或密度板，格位的极限宽度不能超过 800mm。25mm 厚度的板极限宽度大约为 900mm

3.2.7.2　技巧一点通

书柜的尺寸是没有一个硬性统一的标准尺寸。书柜的尺寸包括了书柜的宽度尺寸、书柜高度尺寸、书柜内部的尺寸（也就是书柜书架深度、隔板高度尺寸）、抽屉高度尺寸等。书柜的高度尺寸需要根据书柜顶部最高到成年人伸手可拿到最上层隔板书籍为原则。活动未及顶高柜的深度大约为 450mm、高度为 1800～2000mm。

3.2.8　文件柜尺寸

文件柜尺寸见表 3-20。

表 3-20 文件柜尺寸   单位：mm

项目	柜体外形宽 B	柜体外形深 T	柜体外形高 H	层间净高 H_s
尺寸	450～1050	400～450	（1）370～400 （2）700～1200 （3）1800～2200	≥330

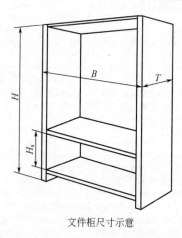

文件柜尺寸示意

注：当有特殊要求，各类尺寸不受此限。

3.2.9 电脑桌书柜尺寸与选择

3.2.9.1 基本知识

目前市面上的书柜电脑桌有各种尺寸，但是一般电脑桌尺寸如下：高 750mm、深 600～550mm、宽 1500mm/1400mm/1200mm。

书柜尺寸如下：高 2000～2100mm、深 300～350mm。

有的电脑桌书柜可以选择定做，则尺寸根据实际情况来确定。

3.2.9.2 图例

某款电脑桌书柜图例如图 3-4 所示。

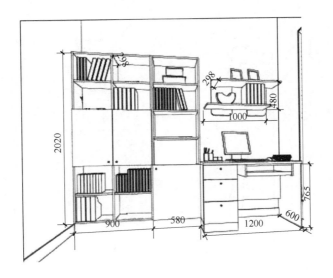

图 3-4　某款电脑桌书柜图例（单位：mm）

3.2.9.3　技巧一点通

常见的儿童书柜尺寸如下：420mm×320㎜×1950mm、626mm×300mm×818mm、1100mm×380mm×1100mm、1090mm×370mm×1090mm 等，有的儿童书柜可以选择定做，则尺寸根据实际情况来确定。

3.2.10　酒柜尺寸与选择

酒柜深度一般为 300～350mm，具体可以根据放酒柜的实际空间稍微调整。

酒柜尺寸与选择图例如图 3-5 所示。

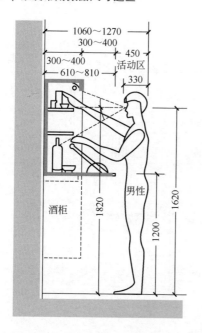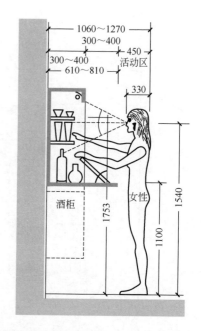

图 3-5　酒柜尺寸与选择图例（单位：mm）

3.2.11　电视柜尺寸与选择

电视柜尺寸与选择见表 3-21。

表 3-21　电视柜尺寸与选择

项目	解　　说
电视柜深度	一般为 450～600mm
电视柜高度	一般为 600～700mm
电视柜长度	1200 mm、1500mm、1800mm、2000mm、2200mm、2400mm
韩式田园风格电视柜高度	一般大约为 620mm
欧式田园风格电视柜高度	一般大约为 438mm
欧式田园风格电视柜深度	一般为 450～600mm
现代风格电视柜高度	一般大约为 465mm
常见的卧室电视柜尺寸	常见的卧室电视柜尺寸有 1500mm×580mm×600mm、900mm×395mm×450mm 等。电视柜的尺寸也可以定制

3.2.12　衣柜（衣橱）尺寸

3.2.12.1　基本知识

衣柜（衣橱）尺寸见表 3-22。

表 3-22　衣柜（衣橱）尺寸

项目	解说
被褥区一般的高度	一般为 400～500mm
被褥区一般的宽度	大约为 900mm
长衣区一般的高度	长衣区主要用于悬挂风衣、大衣、连衣裙、羽绒服、礼服等长款衣服。一般的高度为 1400～1500mm，并且一般不低于 1300mm
长衣区一般的宽度	长衣区一般的宽度，可以根据拥有长款衣服的件数来确定长衣区的宽度。一般而言，宽度为 450mm 即够一个人使用。如果人口多，需要适当加宽
抽屉的一般高度	不低于 150～200mm
抽屉一般的高度	抽屉高 200mm 才能够放衣衫。一般在上衣区下方设计 3、4 个抽屉，以便用于放内衣。根据内衣卷起来的高度来计算抽屉的高度，高一般不能低于 190mm，否则闭合抽屉时会夹住衣物
抽屉一般的宽度	一般为 400～800mm
电视柜在衣柜里面时电视机柜的离地高度	一般不低于 450mm，常以 600～750mm 为宜
叠放区一般的高度	叠放区主要用于叠放毛衣、休闲裤、T 恤等衣物。叠放区一般的高为 350～400mm。最好安排在腰到眼睛间的区域，以便拿取方便和减少进灰尘。家里有老年人、儿童，则需要将叠放区适当放大
叠放区一般的宽度	叠放区一般的宽度可以以衣物折叠后的宽度来确定，柜子宽度一般为 330～400mm
挂长大衣的柜体一般高度	不低于 1300mm
挂短衣或套装的柜体一般高度	不低于 800mm
挂衣杆到底板间距离	挂衣杆到底板间距离不能小于 900mm，否则衣服会拖到底板上
挂衣杆到地面的距离	挂衣杆到地面的距离一般不要超过 1800mm，否则不方便拿取
挂衣杆的安装高度	挂衣杆的安装高度一般是以女主人的身高加 20cm 为最佳。男主人身高如果低于女主人的情况，则可能需要以男主人身高来确定挂衣杆的安装高度

续表

项目	解　说
挂衣杆与柜顶间距离	挂衣杆与柜顶间不能小于 60mm，否则不方便取放衣架
裤架挂杆到底板的距离	挂杆到底板的距离一般不能少于 600mm，否则裤子会拖到底板上
裤架一般的高度	裤架专门用于悬挂裤子，以免起褶皱。裤架一般的高度为 800～1000mm
平开柜门一般的宽度	平开柜门的门板不宜太宽，平开柜门一般的宽度为 45～60cm
上衣区一般的高度	一般为 1000～1200mm，不能小于 900mm
上衣区一般的进深	一般为 550～600mm
踢脚线	衣柜底部设置踢脚线是为了防潮、隔热。衣柜底部踢脚线一般高大约在 70mm 以内
推拉柜门一般的宽度	推拉柜门一般的宽度为 600～800mm
鞋盒区一般的高度	鞋盒区高度可以根据两个鞋盒子的高度来确定，一般为 250～300mm
衣橱门一般宽度	400～650mm
衣橱一般深度	600～650mm
衣柜一般高度	2000～2200m
衣柜一般净深	550～600mm
整个衣柜上端设置成放置棉被等不常用物件的一般高度	不低于 400mm
整体衣柜背板一般厚度	一般大约为 9mm
整体衣柜的一般进深	整体衣柜的一般进深为 550～600mm。如果空间不是特别紧张，则可以考虑 600mm 的进深
整体衣柜基材一般厚度	整体衣柜基材一般厚度大约为 18mm。基材也有 25mm、36mm 厚的
整体衣柜饰面板材一般厚度	一般大约为 1mm

3.2.12.2　图例

常见衣柜（衣橱）尺寸图例如图 3-6 所示。

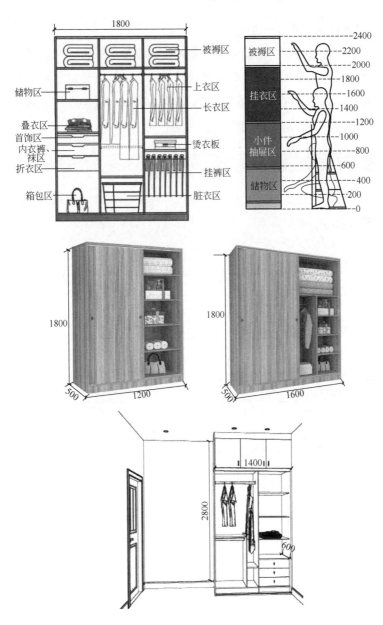

图 3-6　常见衣柜（衣橱）尺寸（单位：mm）

3.2.12.3 技巧一点通

衣柜等收藏空间的尺寸可以根据被收藏物品的大小来设计。衣柜由成人的肩宽与衣服的宽度来决定。例如收藏西装的空间宽度至少为60cm。衣柜看起来都差不多，但是如何设计功能分区，确定黄金尺寸是多少，是有讲究的。

3.2.13 衣柜移门的尺寸与内部结构尺寸的确定

衣柜移门宽度越大意味着衣柜尺寸越大，可以打开的空间越大。根据不同移门材料，有不同的尺寸标准，具体见表3-23。

表3-23　衣柜移门的尺寸

项目	解　说
玻璃衣柜移门——单扇门宽度	不要超过950mm
玻璃衣柜移门——单扇门高度	2400mm以内
板式衣柜移门——单扇门宽度	不要超过1200mm
板式衣柜移门——单扇门高度	2400mm以内
衣柜折叠门单扇宽度	300～400mm
衣柜折叠门单扇最大高度	2200mm

3.2.14 橱柜有关数据与尺寸

3.2.14.1 基本知识

橱柜有关数据与尺寸见表3-24。

表3-24　橱柜有关数据与尺寸

项目	解　说
抽屉宽度	一般宽度为300～1000mm。如果为300～700mm之间的小抽屉，则可以用普通的三节滑道。如果为700～1000mm之间的大抽屉，则需要用隐形滑道或者骑马抽

续表

项目	解　说
厨房工作台台面	厨房工作台台面尺寸一般不可小于 900mm×460mm，以免不能够摆放物件。如果面积不够，则可以考虑把微波炉、烤炉等电器放到高架上，以便腾出一些工作台面
橱柜底脚线的高度	橱柜底脚分为石材脚、不锈钢脚、密度板脚、PVC 板脚等类型，其高度一般为 80mm
橱柜地柜的高度	根据人体工程学，合适的尺寸一般为 780mm
橱柜地柜的宽度	400～600mm 为宜
橱柜门宽	橱柜门最小的为 200mm 宽，最大的应不要超过 600mm 宽
橱柜台面到吊柜底的高度	橱柜台面到吊柜底，高的情况尺寸为 600mm，低的情况尺寸为 500mm
橱柜台面的厚度	橱柜台面的厚度，也就是石材的厚度，例如 10mm、15mm、20mm、25mm 等不同的厚度
地柜门高度	地柜门高度为 500～700mm 之间，具体可以根据地柜的高度、踢脚板的高度、台面下垂的高度等来确定
吊柜柜体高度	500～600mm
吊柜柜体深度	300～450mm
吊柜门宽度	吊柜门如果为左右开门，则宽度与地柜门差不多即可。如果是上翻门，则尺寸最小大约为 500mm，最大大约为 1000mm。但是上翻门板材不好易变形，则不要做得太大。上翻门宽度最好为 700～850mm
吊柜深度	同一个厨房内，吊柜深度最好采用 300mm 与 350mm 两种尺寸，以便能够满足放大碟等情况的需要
吊柜最下方距离台面尺寸	550mm 以上
柜拉篮	根据功能不同，柜拉篮可分为侧拉篮、多功能柜体拉篮、灶台拉篮等。特殊功能的拉篮有大拉篮、中拉篮、小拉篮。根据拉篮材料不同，柜拉篮可分为铁镀烙柜拉篮、不锈钢柜拉篮、不锈钢镀铬柜拉篮、铝拉篮等。多功能柜体拉篮根据宽度的不同，分 150mm 柜体宽度的柜拉篮、200mm 柜体宽度的柜拉篮、400mm 柜体宽度的柜拉篮、600mm 柜体宽度的柜拉篮。 灶台拉篮分 700mm 柜体宽度的柜拉篮、800mm 柜体宽度的柜拉篮、900mm 柜体宽度的柜拉篮。 不锈钢拉篮根据钢条直径的不同，分 10mm 的不锈钢拉篮、9mm 的不锈钢拉篮、8mm 的不锈钢拉篮等
柜门常用品区的高度	在使用时，应能使使用者垂手能够开柜门，并且举手能够伸到吊柜的第一格。常用品区就是放置常用物品，水平空间为 600～1830mm

续表

项目	解　说
柜体台面的宽度	550～600mm
柜体在含门板的情况下的宽度	520～570mm
某一烤漆橱柜参考尺寸	地柜台面高度为845mm，挡水高度为45mm，台面前裙高度为45mm，台面宽度为600mm，吊柜高度为800mm，吊柜柜身厚度为350mm
某一吸塑橱柜（实木橱柜）参考尺寸	空间要求为2500mm，地柜台面高度为820mm，挡水高度为50mm，台面前裙高度为60mm，台面宽度为600mm，吊柜柜身高度为750mm，吊柜柜身厚度为380mm

3.2.14.2　技巧一点通

橱柜地柜的宽度可以从人体身高、手的长度、橱柜宽度与高度的比例等因素来考虑。橱柜平面操作区域的进深，也就是橱柜的宽度。另外，考虑橱柜的尺寸还需要充分考虑洗菜盆的宽度。橱柜布局与工作台的高度一般应适合主妇的身高。

3.2.15　橱柜抽屉滑轨尺寸

抽屉滑轨是固定在一定的轨道上，供抽屉其他活动部件运动的、带有槽或曲线形的一种导轨。根据滑轨材料不同，目前常用的抽屉滑轨分为滚轮滑轨、钢珠滑轨、耐磨尼龙滑轨等类型。

一般市面上抽屉滑轨的尺寸为10in、12in、14in、16in、18in、20in、22in、24in。根据1in=25.4mm计算，则10～12in抽屉滑轨尺寸为250～500mm。抽屉滑轨的尺寸超过500mm（20in）以上可能需要预订。

可以根据抽屉型号大小不同来选择、安装不同尺寸的滑轨。

3.2.16　橱柜安装的允许偏差

橱柜安装的允许偏差见表3-25。

表 3-25　橱柜安装的允许偏差

项　目	允许偏差/mm	检验方法
立面垂直度	2	可以用 1m 垂直检测尺来检查
门与框架的平行度	2	可以用钢尺来检查
外形尺寸	3	可以用钢尺来检查

3.2.17　矮柜的尺寸

矮柜尺寸见表 3-26。

表 3-26　矮柜尺寸

项目	解　说
矮柜的深度	一般为 35～45cm
矮柜柜门宽度	一般为 30～60cm
矮柜高度	一般为 60cm

3.2.18　顶高柜的尺寸

顶高柜尺寸见表 3-27。

表 3-27　顶高柜尺寸

项目	解　说
顶高柜深度	一般为 45cm
顶高柜高度	一般为 180～200cm

3.3　吧台数据与尺寸

3.3.1　吧台的尺寸

吧台尺寸见表 3-28。

表 3-28　吧台的尺寸

项目	解说
前吧高度尺寸	吧台旁边用椅一般是高脚凳，为了配合座椅的高度与下肢受力的合理性，通常柜台下方设有踏脚。吧台台面高度为 100～110cm，座椅面比台面低 250～350mm，踏脚比座椅面低大约 450mm
后吧宽度尺寸	后吧下部柜最好宽为 400～600mm，以能储藏较多的物品
吧台的高度	吧台高度一般与操作面板的高度一致，一般为 1～1.2m
开放式厨房吧台尺寸	下柜高度一般大约为 80cm，宽度一般大约为 60cm。上柜高距离地面为 160～225cm，宽度大约为 40cm

3.3.2　吧台数据确定技巧

为了使吧台操作方便、视觉美观，设计、安装确定吧台的相关数据技巧如下。

（1）吧台高度估算公式：吧台高度=调酒师平均身高×0.618。

（2）吧台台面厚度一般为 4～5cm，外沿一般以厚实皮塑料包裹装饰。

（3）吧台高度、前吧下方的操作台高度并非是一成不变的，需要根据调酒师身高来定。

（4）家居利用角落筑成的吧台，操作空间至少需要 90cm。

（5）家居吧台高度有两种尺寸，单层吧台大约为 110cm，双层吧台大约为 80cm 与 105cm。双层吧台层间差距至少为 25cm，这样内层才能够存放物品。

（6）家居吧台台面的深度需要根据吧台的功能来确定。如果台前预备有座位，台面一般突出吧台本身，为此台面深度一般为 40～60cm，以便吧台下方存储物品。

（7）设水槽的吧台，购买水槽时，水槽最好选择平底槽，并且水槽深度最好为 20cm 以上，过浅会出现水花四溅现象。

（8）一般而言，设水槽的吧台至少长 60cm，操作台面宽 60cm。

（9）考虑酒柜使用的便利，每一层的高度一般为 30～40cm。柜子深度不要太深，以免拿个杯子需要越过其他物件。

（10）吧台常用桌面也无统一规格，可以参考选择如下尺寸。

一般独脚小圆桌直径大约为 50cm。

一般圆桌台直径为 80cm、90cm、100cm、120cm、130cm 等。

一般方桌尺寸为 110cm×60cm、110cm×65cm 等。

（11）吧台风格不同，其配的桌椅尺寸也无统一规格。参考搭配：如果桌子高度大约为 75cm，则座椅高度大约为 45cm。

第 4 章
桌椅、茶几、床数据与尺寸

4.1 桌椅数据与尺寸

4.1.1 书桌尺寸与选购

书桌有关尺寸数据见表 4-1。

表 4-1 书桌有关尺寸数据

项目	有关尺寸数据
固定式书桌	深度为 450～700mm，高度大约为 750mm
活动式书桌	深度为 650～800mm，高度为 750～780mm
书桌下缘离地距离	大约为 580mm
书桌长度	长度为 1500～1800mm
书桌厚度	厚度为 450～700mm

4.1.2 双柜桌的尺寸

双柜桌尺寸见表 4-2。

表 4-2 双柜桌尺寸   单位：mm

桌面宽 B	桌面深 T	中间净空高 H_3	中间净空宽 B_4	侧柜抽屉内宽 B_5
1200~2400	600~1200	≥580	≥520	≥230

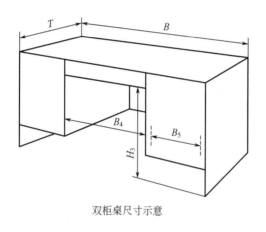

双柜桌尺寸示意

注：当有特殊要求时，各类尺寸不受此限。

4.1.3 梳妆桌的尺寸

梳妆桌尺寸见表 4-3。

表 4-3 梳妆桌尺寸   单位：mm

桌面高 H	中间净空高 H_3	中间净空宽 B_4	镜子下沿离地面高 H_4	镜子上沿离地面高 H_5
≤740	≥580	≥500	≤1000	≥1400

续表

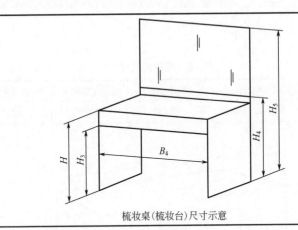

梳妆桌(梳妆台)尺寸示意

注：当有特殊要求时，各类尺寸不受此限。

4.1.4 长方单层桌的尺寸

长方单层桌尺寸见表4-4。

表4-4 长方单层桌尺寸

单位：mm

桌面宽 B	桌面深 T	中间净空高 H_3
≥600	≥400	≥580

长方桌尺寸示意

注：当有特殊要求时，各类尺寸不受此限。

4.1.5 方桌、圆桌的尺寸

方桌、圆桌尺寸见表 4-5。

表 4-5 方桌、圆桌尺寸　　　　　　　　单位：mm

桌面宽（或桌面直径）B（或 D）	中间净空高 H_3
≥600	≥580

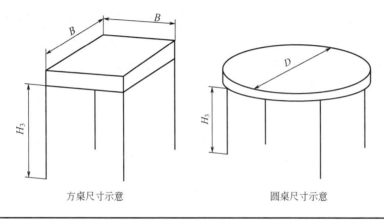

方桌尺寸示意　　　　　　　　圆桌尺寸示意

注：当有特殊要求时，各类尺寸不受此限。

4.1.6 餐桌的尺寸

4.1.6.1 基本知识

圆形餐桌一般分为 8 类，根据餐桌的标准尺寸该 8 类餐桌的直径可以分为 500mm（二人位）、800mm（三人位）、900mm（四人位）、1100mm（五人位）、1100～1250mm（六人位）、1300mm（八人位）、1500mm（十人位）、1800mm（十二人位）。

一般中小型住宅，如果使用直径为 1200mm 的餐桌，则会嫌过大。一般中小型住宅可以选择直径大约为 1100mm 的圆桌。

方形餐桌的尺寸需要根据座位数来确定，常用的餐桌尺寸为

760mm×760mm 的方桌与 1070mm×760mm 的长方形桌。如果餐桌宽度小于 700mm，则家人对坐时容易因餐桌过窄产生相互碰脚的情况。餐桌高一般为 710mm，需要配 415mm 高度的座椅。二人位餐桌的尺寸大约为 700mm×850mm，四人位餐桌的尺寸大约为 1350mm×850mm，八人位餐桌的尺寸大约为 2250mm×850mm。

独居时，家中空间如果不大，则餐桌的长度最好不要超过 1.2m。两人居住时，则可以选择 1.4～1.6m 的餐桌。为人父母或者与老人合住的家庭，则适用选择 1.6m 或者更大的餐桌。

常用餐桌有关数据与尺寸见表 4-6。

表 4-6　常用餐桌有关数据与尺寸

项目	尺寸数据/cm
一般餐桌高度	75～78
西式餐桌高度	68～72
一般方桌宽度	75、90、120
长方桌宽度	80、90、105、120
长方桌长度	150、165、180、210、240
长方形餐桌	120×60、140×70 最常见
圆形餐桌直径	50、80、90、110、120、135、150、180 等

4.1.6.2　图例

餐桌的有关数据与尺寸如图 4-1 所示。

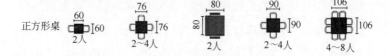

正方形桌
60 ⊏60 2人　　76 ⊏76 2～4人　　80 80 2人　　90 ⊏90 2～4人　　106 ⊏106 4～8人

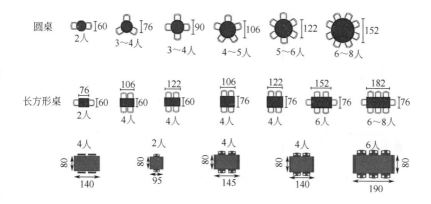

图 4-1 餐桌的有关数据与尺寸（单位：cm）

4.1.6.3 技巧一点通

购买餐桌时可以根据家居餐厅的面积来选择合适的餐桌尺寸，还要根据户型的餐厅结构来选择。长方形户型的餐厅可以选择方桌；较大面积的餐厅，或者偏正方形的餐厅可以选择圆桌。

4.1.7 桌面高与座高及配合高差

桌面高与座高及配合高差见表4-7。

表 4-7 桌面高与座高及配合高差 单位：mm

桌面高 H	座高/H_1	桌面与椅凳座面配合高差 $H-H_1$	中间净空高与椅凳座面配合高差 H_3-H_1	中间净空高 H_3
680～760	400～440 软面的最大座高460（包括下沉量）	250～320	≥200	≥580

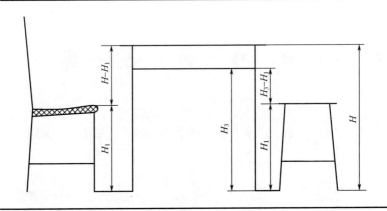

注：当有特殊要求或合同要求时，各类尺寸由供需双方明示，不受此限。

4.1.8　常见椅凳类家具靠背倾角

常见椅凳类家具靠背倾角见表4-8。

表4-8　常见椅凳类家具靠背倾角

椅凳类家具种类	靠背倾角/（°）	椅凳类家具种类	靠背倾角/（°）
餐椅	90	休息用椅	110～130
工作椅	95～105	躺椅	115～135

4.1.9　常见椅凳类家具座面倾角

常见椅凳类家具座面倾角见表4-9。

表4-9　常见椅凳类家具座面倾角

椅凳类家具种类	座面倾角/（°）	椅凳类家具种类	座面倾角/（°）
餐椅	0	休息用椅	5～23
工作椅	0～5	躺椅	≥24

4.1.10　座椅（板）的高度

（1）不同座板的高度图例如图 4-2 所示。

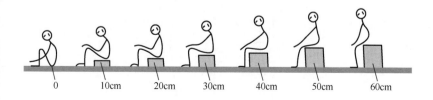

图 4-2　不同座板的高度图例

（2）座板的高度要求示意图例如图 4-3 所示。

座面高度适中　　　　　座面高度过高　　　　　座面高度过低

图 4-3　座板的高度示意图例

4.1.11　靠背椅的尺寸

靠背椅尺寸见表 4-10。

表 4-10　靠背椅尺寸

座前宽 B_3	座深 T_1	背长 L_2	座倾角 α	背倾角 β
≥400mm	340～460mm	≥350mm	1°～4°	95°～100°

续表

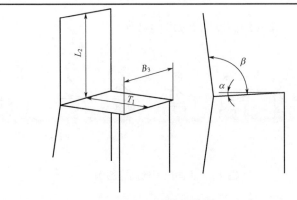

靠背椅尺寸示意

注：当有特殊要求，各类尺寸不受此限。装饰用靠背不受此限制。

▶ 4.1.12 扶手椅的尺寸

扶手椅尺寸见表4-11。

表4-11 扶手椅尺寸

扶手内宽 B_2	座深 T_1	扶手高 H_2	背长 L_2	座倾角 α	背倾角 β
≥480mm	400～480mm	200～250mm	≥350mm	1°～4°	95°～100°

扶手椅尺寸示意

注：当有特殊要求时，各类尺寸不受此限。

餐椅太高或太低，吃饭时都会感到不舒服。座高为 400mm 以下的餐椅太低，会令人腰酸背疼。餐椅高度一般为 400～460mm。餐椅座位及靠背要平直（或者有 2°～3° 的斜度），坐垫厚大约为 20mm 即可。

4.1.13　长方凳的尺寸

长方凳尺寸见表 4-12。

表 4-12　长方凳尺寸　　　　单位：mm

凳面宽 B_1	凳面深 T_1
≥320	≥240

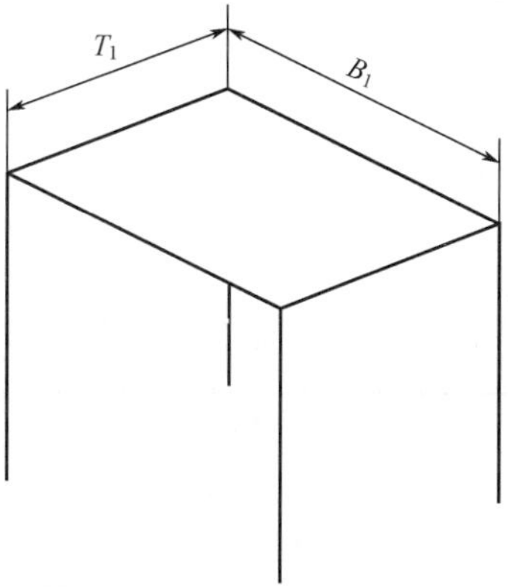

注：当有特殊要求或合同要求时，各类尺寸由供需双方在合同中明示，不受此限。

4.1.14　圆凳的尺寸

圆凳尺寸见表 4-13。

表 4-13　圆凳尺寸

项　　目	凳面宽（或凳面直径）B_1（或 D_1）
尺寸	≥300mm

续表

圆凳尺寸示意

注：当有特殊要求时，该尺寸不受此限。

4.1.15　沙发尺寸与选择

4.1.15.1　基本知识

（1）沙发主要尺寸与外形对称度见表4-14。

表4-14　沙发主要尺寸与外形对称度

项　　目		要求/mm		项目分类		
				基本	分级	一般
主要尺寸（功能尺寸）	座前宽 B	单人沙发≥480；双人沙发≥960；双人以上沙发≥1440		√		
	座深 T	480～600		√		
	座前高 H_1	340～440				√
	背高 H_2	≥600				√
外形对称度	部位	对角线长度界线	允许差值			√
	座面对称度	≤1000	≤8			√
		>1000	≤10			√
	背面对称度	≤1000	≤8			√
		>1000	≤10			√

续表

项　　目		要求/mm		项目分类		
				基本	分级	一般
外形对称度	相同扶手对称度	≤1000	≤8			√
		>1000	≤10			√
	围边对称度	厚度差≤5				√

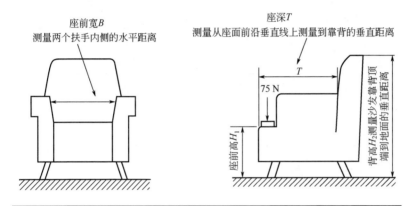

座前宽 B
测量两个扶手内侧的水平距离

座深 T
测量从座面前沿垂直线上测量到靠背的垂直距离

注：当有特殊要求或合同要求时，产品的主要尺寸由供需双方商定。

（2）常见沙发尺寸见表 4-15。

表 4-15　沙发尺寸

类　　别	尺　　寸
单人沙发的扶手高度	一般为 560～600mm
单人式沙发背高	一般为 700～900mm
单人式沙发长度	一般为 800～950mm
单人式沙发深度	一般为 850～900mm
单人式沙发坐垫高	一般为 350～420mm
普通沙发的可坐深度	一般为 430～450mm

续表

类　别	尺　寸
普通沙发适当的宽度	一般为 660～710mm
双人式沙发长度	一般为 1260～1500mm
双人式沙发深度	一般为 800～900mm
三人式沙发长度	一般为 1750～1960mm
三人式沙发深度	一般为 800～900mm
四人式沙发长度	一般为 2320～2520mm
四人式沙发深度	一般为 800～900mm
一般的配套沙发靠垫	常见的配套沙发靠垫的尺寸有 400mm×400mm、500mm×500mm、600mm×600mm 等
具有一定开放感的矮式沙发宽度	大约为 890mm

4.1.15.2　图例

常见沙发的类型图例如图 4-4 所示。

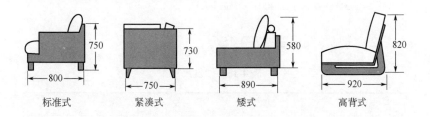

图 4-4　常见沙发的类型图例（单位：mm）

4.1.15.3　技巧一点通

沙发因其风格、样式多变，因此，很难有一个绝对的尺寸标准，只有一些常规的尺寸。沙发的宽度与高度，根据种类不同差别大。其宽度越大占用走道的空间也越大。

欧式家具一般比较大气，占用空间大，适合大户型家庭。沙发宜软硬适中，太硬或太软的沙发均会坐得腰酸背痛。沙发的座位高一般与客厅茶几高平。

一般的配套沙发靠垫大小与沙发尺寸有关，一般组合沙发的沙发靠垫与单人沙发的长、宽度有关。

4.2 床数据与尺寸

4.2.1 床尺寸概述

4.2.1.1 基本知识

床尺寸概述见表 4-16。

表 4-16 床尺寸概述

项目	解　说
单人床宽度	一般为 90cm、105cm、120cm
单人床长度	一般为 180cm、186cm、200cm、210cm
双人床宽度	一般为 135cm、150cm、180cm
双人床长度	一般为 180cm、186cm、200cm、210cm
圆床直径	目前圆形床尺寸大小不一，没有统一的标准。为了能够更好地满足房屋格局的需求与摆放的整体效果，圆形床尺寸的变化也是在一定范围内的。圆床直径一般为 186cm、212.5cm、242.4cm（常用）等
圆床高度	圆床高度一般在 100cm 以内。常见的圆形床高度为 80cm、88cm 等
卧室单人床高度	一般为 0.35～0.45m
标准双人床床垫尺寸（长×宽）	一般为 150cm×190cm 和 120cm×190cm
加大双人床尺寸	加大双人床尺寸一般为 180cm×200cm，其所配被套一般为 200cm×230cm、220cm×240cm，被芯尺寸同被套或长宽小于 20cm 内均可以正常使用。床单一般需要用 240cm×250cm～265cm×250cm 尺寸，床笠或床罩一般为 180cm×200cm

项目	解　说
外贸床	外贸床规格为 200cm×200cm。可以配的床单尺寸为 265cm×250cm、被套尺寸为 200cm×230cm 或 220cm×240cm
婴儿床	国内的婴儿床（可以用到 3 岁左右）长度大部分约为 120cm。欧美的婴儿床（可以用到 6 岁左右）尺寸长度一般约为 140cm、宽度约为 78cm
4 尺床尺寸	四尺床的宽度尺寸为 120～122cm
4 尺半床尺寸	4 尺半床的宽度尺寸为 135～137cm
5 尺床尺寸	5 尺床的宽度尺寸为 150～152cm
6 尺床尺寸	6 尺床的宽度尺寸为 180～183cm
1.2m 床尺寸	1.2m 床标准尺寸大约宽度为 120cm、长度为 180～200cm 一般小孩 1.2m 尺寸大约为 120cm×180cm。大一点的 1.2m 床尺寸大约为 120cm×200cm
1.5m 床尺寸	1.5m 床是一个标准的双人床尺寸。1.5m 床尺寸大约宽度为 150cm、长度为 190～200cm
1.8m 床尺寸	1.8m 床属于大床。1.5m 床尺寸大约为 180cm×200cm、180cm×205cm、180cm×210cm 等
2m 床尺寸	2m 床在市场上较为少见。2m 床尺寸大约为 200cm×200cm、200cm×205cm、200cm×210cm 等

4.2.1.2　技巧一点通

如果房间比较大的话可以摆放一张加大床。实际计算床尺寸的方法如下。

（1）计算床宽　床的尺寸需要考虑到几人使用，单人床宽度一般为仰卧时人肩宽的 2～2.5 倍。双人床宽一般为仰卧时人肩宽的 3～4 倍。成年男子肩宽平均大约为 410mm。为此双人床宽度不宜小于 1230mm，单人床宽度不宜小于 800mm。也有计算床宽根据比标准尺寸大 100～200mm 的床来确定。

（2）计算床长 床的长度是指两床屏板内侧或床架内的距离。计算床长的计算公式如下：床长=1.05 倍身高（1775～1814mm）+头顶余量（大约 100mm）+脚下余量（大约 50mm）≈2000～2100mm。

（3）计算床高 床高也就是床面距地高度。床高一般与椅坐的高度一致。一般床高为 400～500mm。

4.2.2 床尺寸与选择

单层床尺寸见表 4-17。

表 4-17 单层床尺寸　　　　单位：mm

床铺面长 L_1		床铺面宽 B_1		床铺面高 H_1
嵌垫式	非嵌垫式			不放置床垫（褥）
1900～2220	1900～2200	单人床	700～1200	≤450
		双人床	1350～2000	

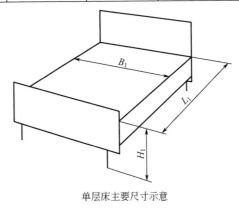

单层床主要尺寸示意

注：当有特殊要求时，各类尺寸不受此限。嵌垫式床的床铺面宽应增加 5～20mm。

4.2.3 双层床的尺寸

双层床的尺寸见表 4-18。

表 4-18　双层床尺寸　　　　　　　　　　单位：mm

床铺面长 L_1	床铺面宽 B_1	底床面高 H_2	层间净高 H_3		安全栏板缺口长度 L_2	安全栏板高度 H_4	
		不放置床垫（褥）	放置床垫（褥）	不放置床垫（褥）		放置床垫（褥）	不放置床垫（褥）
1900～2020	800～1520	≤450	≥1150	≥980	≤600	床褥上表面到安全栏板的顶边距离应不小于200mm	安全栏板的顶边与床铺面的上表面应不小于300mm

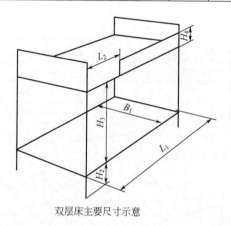

双层床主要尺寸示意

注：当有特殊要求时，各类尺寸不受此限。

4.2.4.1　基本知识

人在仰卧时不同于人体直立时的骨骼肌肉结构，其图例如图 4-5 所示。

床垫的规格一般分为单人床垫、双人床垫、圆形床垫、婴儿床垫等。常见床垫的尺寸见表 4-19。

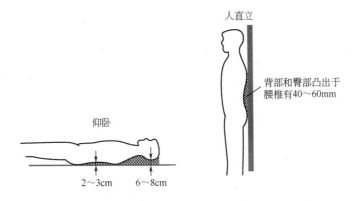

图 4-5 人在仰卧时不同于人体直立时的骨骼肌肉结构图例

表 4-19 常见床垫的尺寸

项目	解　　说
单人床垫规格	宽度一般为 100cm、110cm、120cm 等，长度一般为 190cm、195cm、200cm、210cm 等
双人床垫规格	宽度一般为 150cm、180cm、200cm 等，长度一般为 190cm、200cm、210cm、220cm 等
大号床垫尺寸	一般为 152cm×203cm、180 cm×200cm 等
特大号床垫尺寸	一般 183cm×214cm、198cm×203cm 等
婴儿床垫	学龄前的婴儿床垫的尺寸一般为 1~1.2m 之间，宽一般为 0.65~0.75m 之间。学龄期的儿童床垫基本可以根据成人床垫设计，床垫净长一般为 1.20m，宽一般为 0.8~1m
圆形床垫	直径一般为 186cm、212.5cm、242.4cm 等
全尺寸或两张单人床垫尺寸	一般为 54cm×75cm、137cm×191cm 等

弹簧软床垫主要尺寸见表 4-20。

表 4-20　弹簧软床垫主要尺寸

分类	主要设计尺寸/mm	
	长度 L	宽度 W
单人	1900，1950，2000，2100	800，900，1000，1100，1200
双人		1350，1400，1500，1800

注：当有特殊要求时，产品的主要设计尺寸由供需双方在合同中明示。

4.2.4.2　图例

床垫床铺的选择需要根据具体情况来定，图例如图 4-6 所示。

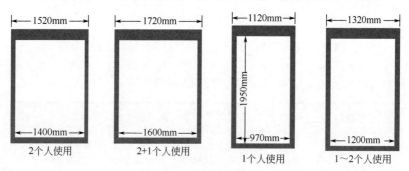

图 4-6　床垫床铺的选择

4.2.4.3　技巧一点通

如果床垫选择错误，则可能会影响健康。为此，选择床垫不可太小或太窄，也不可太大。

4.2.5　榻榻米尺寸

4.2.5.1　基本知识

家居中榻榻米属于多功能家具。其睡觉时可作床，又可以做起居室，也可以做品茗的场所。为此，装修时需要掌握榻榻米有关的尺寸数据。榻榻米有关尺寸数据见表 4-21。

表 4-21 榻榻米有关尺寸数据   单位：mm

项目	尺寸数据
一般的长度	1700~2000
一般的宽度	800~960
标准厚度	35、40、55
一般高度	250~500
常规矩形榻榻米的长度比	长：宽=2：1
地台高度（不设计升降桌时）	150~200
地台高度（有升降桌时）	350~400
日式的榻榻米高出地面高度	300
中式的榻榻米高出地面高度	150

4.2.5.2 技巧一点通

高度 250mm 的榻榻米，一般适合于上部加放床垫或做成小孩玩耍的空间，以及适合直接代替床或成为休闲空间。

高度 300mm 以下的榻榻米只适合于侧面做抽屉式储藏。

高度 400mm 以上的榻榻米可以考虑整体做成上翻门式柜体。

具体设计榻榻米高度时需要与房子的层高、需要的储物空间的高度来决定。如果房子层高较高（3m 与 3m 以上），则可以设计 400mm 甚至更高一点的榻榻米。如果层高较矮，则设计的榻榻米高度就要相应地减小。

4.2.6 被套尺寸

4.2.6.1 基本知识

居家生活中，床上用品的选择越来越受到人们的关注。不同的床，被套规格尺寸都是不同的，选择合适的被套尺寸才能够有更好的装饰效果。被套的尺寸见表 4-22。

表 4-22　被套的尺寸

项　目	解　　说
1.5m 床被套规格尺寸	1.5m 床被套规格尺寸有 180cm×220cm、200cm×230cm、210cm×220cm 等
1.8m 床被套规格尺寸	1.8m 床被套规格尺寸有 210cm×240cm、220cm×240cm、180cm×220cm 等
单人被套尺寸	单人被套用于儿童房、学校公寓等场所较多，这里的床铺一般为单人床或者是不超过 1.5m 宽的床铺。因此，适应该类床铺的被套尺寸一般为 180cm×230cm、160cm×215cm 等，与之相配套的床单的尺寸为 160cm×215cm、150cm×215cm 等，枕套一般只有 48cm×74cm 一种规格。 具体一些单人被套规格尺寸如下：180cm×210cm（单人冬被）、150cm×200cm（单人夏被）、180cm×220cm（加大型被套）、167cm×200cm（传统的加工棉被）等
儿童床被套规格尺寸	儿童床被套规格尺寸有 140cm×180cm、150cm×200cm、160cm×200cm 等
加大双人被套	加大双人被套，比双人被套略大。其尺寸一般大约为 220cm×240cm，与之相配套的床单尺寸大约为 240cm×270cm，枕套尺寸大约为 74cm×48cm
双人被套尺寸	双人被套，一般床铺的宽度都超过 1.5m，多数为 1.8m 宽的床铺。该类床铺适应的被套尺寸一般大约为 200cm×230cm，与之相配套的床单尺寸大约为 230cm×250cm、245cm×250cm、250cm×250cm 等，枕套尺寸一般大约为 75cm×48cm。 具体一些双人被套规格尺寸如下：200cm×230cm（普通型）、220cm×240cm、230cm×250cm（加大型冬棉被）等

4.2.6.2　技巧一点通

选购被套时，首先一定要量好铺放的床铺长宽、所用被褥的大小，如此才能够购买到称心如意的被套。

加大双人床尺寸一般大约为 180cm×200cm，则其所配被套一般为 200cm×230cm、220cm×240cm 等，被芯尺寸同被套或长宽小于 20cm 内均可以正常使用。床单一般需要用（240cm×250cm）～（265cm×250cm）尺寸，床笠或床罩一般大约为 180cm×200cm。

如果外贸床规格为 200cm×200cm，则床单可以配大约为 265cm×250cm 的尺寸，被套可以配大约为 200cm×230cm、220cm×240cm

等尺寸，被芯尺寸同被套或长宽小于 20cm 以内均可以正常使用。

另外，一般标准短枕规格大约为 45cm×70cm，误差不超过 5cm。长枕一般大约为 45cm×120cm。其他功能性枕头规格不等，符合个人使用习惯、爱好即可。

4.3　茶几数据与尺寸

4.3.1　茶几尺寸与选购

4.3.1.1　基本知识

茶几有关数据与尺寸见表 4-23。

表 4-23　茶几有关数据与尺寸

项目	有关数据与尺寸
小型长方形茶几	长度一般为 60~75cm，宽度一般为 45~60cm，高度一般为 38~50cm
中型长方形茶几	长度一般为 120~135cm，宽度一般为 38~50cm 或者 60~75cm
中型正方形茶几	长度一般为 75~90cm，高度一般为 43~50cm
大型长方形茶几	长度一般为 150~180cm，宽度一般为 60~80cm，高度一般为 33~42cm
大型圆形茶几	直径一般大约为 75cm、90cm、105cm、120cm；高度一般为 33~42cm
大型方形茶几	宽度一般大约为 90cm、105cm、120cm、135cm、150cm；高度一般为 33~42cm
边角茶几	边角茶几有时比正方形茶几稍高一些，高度为 0.43~0.5m
实木茶几尺寸	实木茶几尺寸有 100cm×100cm×48cm、140cm×80cm×50cm、120cm×60cm×48cm、60cm×60cm×60cm、60cm×60cm×40cm、40cm×40cm×50cm 等常规尺寸
沙发与茶几的距离	不可通行的距离为 400~450mm，可通行的距离为 760~910mm
沙发前的茶几高度	沙发前的茶几高度大约为 40cm。大型茶几的平面尺寸有的可达 1.2m×1.2m，则高度会相应降低到 25~30cm，以增加视觉稳定感

4.3.1.2　图例

常用茶几的尺寸图例如图 4-7 所示。

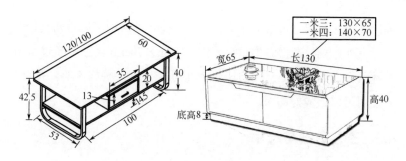

图 4-7　常用茶几的尺寸图例（单位：cm）

4.3.1.3　技巧一点通

　　茶几面一般以略高于沙发的坐垫为宜，最高不要超过沙发扶手的高度。如果有特殊要求装饰或刻意追求视觉冲突的情况外，沙发前的茶几高度一般大约为 40cm。

　　选择合适的客厅茶几尺寸，需要考虑整体客厅的面积、其他家电的面积、沙发的面积、电视占地面积等，以便让整体装饰更协调。

　　另外，茶几的大小还需要考虑门的尺寸，以免茶几太大造成搬运困难。

📖 4.3.2　大理石茶几尺寸与选购

4.3.2.1　基本知识

　　大理石茶几常见的规格尺寸如下（茶几面长×宽）：110cm×55cm、120cm×65cm、135cm×80cm、150cm×90cm、150cm×100cm等。另外，需要注意大理石茶几尺寸并不是很固定，许多情况是根据要求进行调整和定制。

4.3.2.2　技巧一点通

　　大理石茶几有天然大理石茶几、人造大理石茶几之分。其中，天然大理石具有天然图案与色彩。好的大理石茶几会选用整块石材，劣质茶几在备料里用边角料，表面缺乏变化。人造大理石透明度不好，没有光泽。天然大理石与人造大理石的区别方法：滴几滴稀盐酸在其表面，天然大理石茶几会剧烈起泡；人造大理石起泡弱，甚至不起泡。

茶几距电视柜的间距一般要求能够通过 2 人步行的宽度，也就是大约为 1.2m，这样具有适用、大方、不拥挤等特点。另外，茶几距电视柜的间距也需要考虑电视屏幕与人眼睛的距离要求：人眼宜与电视机荧屏的距离是电视机荧屏宽度的 6 倍。

第 5 章
开关、插座、灯具数据与尺寸

5.1 开关、插座数据与尺寸

5.1.1 常见开关插座的规格尺寸

5.1.1.1 基本知识

常见开关插座的规格尺寸见表 5-1。

表 5-1 常见开关插座的规格尺寸　　　　单位：mm

类型名称	外形尺寸	安装孔心距尺寸
86 型	（长度）86 ×（宽度）86	60
120 型（竖装）	（长度）73 ×（宽度）120	88
118 型（横装）	（长度）118 ×（宽度）70	88（不包括非规格的型号）

常见地面插座规格尺寸见表 5-2。

表 5-2　常见地面插座规格尺寸　　　　单位：mm

类型	面板尺寸（长度×宽度）	对应底盒尺寸（长度×宽度×高度）
三位弹起式地面插座	120×120	100×100×55
六位弹起式地面插座	125×125	100×100×50
六位开起式地面插座	146×146	132×132×65
十二位开起式地面插座	270×146	260×135×65

5.1.1.2　图例

常见开关插座规格尺寸图例如图 5-1 所示。

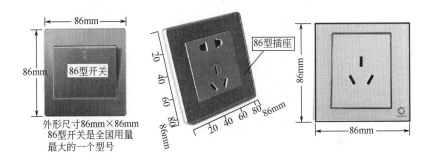

图 5-1　常见开关插座规格尺寸图例

5.1.1.3　技巧一点通

86 型开关插座的规格尺寸就是其称呼中的数据 86，单位为 mm，具体体现为其宽度×高度为 86mm×86mm。

5.1.2　开关的安装尺寸

5.1.2.1　基本知识

家装开关安装的有关尺寸见表 5-3。

表 5-3　家装开关安装的有关尺寸

项　　目	尺寸/m
开关边缘距门框边缘的距离尺寸	0.15～0.2
开关距地面的高度尺寸	1.2～1.4
拉线开关距地面的高度尺寸	2～3
房屋层高小于 3m 时的拉线开关距顶板尺寸	不小于 0.1
电源开关离地面尺寸	一般在 1.2～1.4 之间

5.1.2.2　图例

（1）开关安装离地面尺寸图例如图 5-2 所示。

图 5-2　开关安装离地面尺寸图例

（2）开关边缘距门框边的距离图例如图 5-3 所示。

图 5-3　开关边缘距门框边的距离图例

5.1.2.3 技巧一点通

家装电源开关是用来控制灯具的亮与灭。因此，家装开关的设计、安装高度需要适应操作人员的轻松开与关。为此，一般开关的安装高度与成人的肩膀一样高。但是，涉及具体环境的适应要求时，应在基本尺寸的基础上灵活调整。

5.1.3 家装常见开关数量

（1）一室一厅常见开关数量见表 5-4。

表 5-4 一室一厅常见开关数量

名称	数量
一开单控	3
二开单控	1
一开双控	2
三开单控	1
五孔	14
空调 16A	2
电视插座	1
电话	2

（2）二室一厅常见开关数量见表 5-5。

表 5-5 二室一厅常见开关数量

名称	数量
一开单控	3
二开单控	2
一开双控	4
三开单控	1
五孔	20

续表

名　称	数　量
五孔+开关	3
空调 16A	3
电视插座	2
电话	2
电脑	2

5.1.4　家装插座安装数据

5.1.4.1　基本知识

（1）家装插座安装有关尺寸数据见表 5-6。

表 5-6　家装插座安装有关尺寸数据

内　容	尺寸数据/cm
暗装插座距地尺寸	不低于 30
插座上方有暖气管时的间距尺寸	大于 20
插座下方有暖气管时，距离暖气管的尺寸	大于 30
厨房插座距地尺寸	95
电冰箱插座距地尺寸	150
电视机插座距地尺寸	60
电视馈线线管、插座与交流电源线管、插座之间的距离尺寸	50 以上
电源插座底边距地尺寸	30
儿童活动场所插座距地尺寸	不低于 180
壁挂式空调插座距地尺寸	180
挂式消毒柜插座距地尺寸	190
接线板墙上插座距地尺寸	30
明装插座距地尺寸	不低于 180
排气扇插座距地尺寸	190～200
台灯墙上插座距地尺寸	30

续表

内　容	尺寸数据/cm
同一室内的电源、电话、电视等插座面板高度误差数据	小于 0.5
脱排插座距地尺寸	210
洗衣机插座距地尺寸	120
电热水器插座距地尺寸	140
一般插座距地尺寸	30

（2）常见地面插座的参数见表 5-7。

表 5-7　常见地面插座的参数　　　单位：mm

类型	面板尺寸	底盒尺寸
三位弹起式地面插座	120×120	100×100×55
六位弹起式地面插座	125×125	100×100×50
六位开起式地面插座	146×146	132×132×65
十二位开起式地面插座	270×146	260×135×65

（3）全装修住宅套内电源插座安装高度与基本配置要求见表 5-8。

表 5-8　全装修住宅套内电源插座安装高度与基本配置要求

房间名称	名　称	安装高度/m	用途及适宜安装位置、数量
起居室	单相三极插座	0.3/2.2	空调插座 1 个
	单相二极加三极插座	0.3	3 个：电视机背墙 1 个，沙发两侧各 1 个
卫生间	单相二极加三极插座	1.5	化妆镜侧墙 1 个
	单相二极加三极插座	2.3	排气扇 1 个
	单相二极加三极插座	2.3	如有太阳能热水器或电加热热水器，1 个
	单相带开关三极插座	1.5	如有洗衣机，1 个
	单相带开关三极插座	2.3	如有太阳能热水器或电加热热水器，1 个

续表

房间名称	名　　称	安装高度/m	用途及适宜安装位置、数量
阳台	单相带开关三极插座	1.5	如有洗衣机，1个
	单相二极加三极插座	1.5	如有燃气热水器，1个
	单相二极加三极插座	2.3	如有太阳能热水器或 电加热热水器，1个
主卧室、 双人卧室	单相三极插座	2.2	空调插座1个
	单相二极加三极插座	0.3	3个：电视机背墙1个， 床头柜2个
单人卧室	单相三极插座	2.2	空调插座1个
	单相二极加三极插座	0.3	2个：电视机背墙1个， 床头柜1个
餐厅	单相二极加三极插座	0.3	餐桌1个
厨房	单相带开关二极加三极插座	1.1	3个：厨房桌面，供微波炉、 电饭煲、电磁灶等小家电用
	单相二极加三极插座	2.0	抽油烟机1个
	单相三极插座	0.3	冰箱侧墙或背墙1个
	单相二极加三极插座	1.3	如有燃气热水器，1个
	单相二极加三极插座	2.3	如有太阳能热水器或 电加热热水器时设置1个

注：1. 卫生间排气扇直接接入照明回路或采用带排气功能的浴霸时，可不设排气扇专用插座。

2. 当分体空调壁挂室内机插座安装高度为2.2m，柜式室内机插座安装高度为0.3m。采用中央空调时，可不设空调插座。

5.1.4.2　图例

插座安装高度图例如图5-4所示。

5.1.4.3　技巧一点通

插座连接方式不同、应用环境不同，对于插座的安装高度自然也要求不同。不过，家装普通插座安装高度一般距地面30cm。

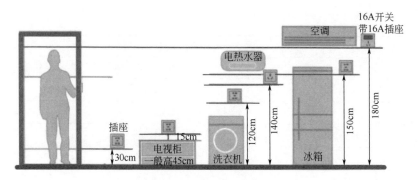

图 5-4　插座安装高度图例

5.1.5　常见开关插座数量

常见开关插座数量见表 5-9。

表 5-9　常见开关插座数量

二室二厅（建筑面积为 60～80m²）常见开关插座数量	
名称	数　量
一开单控（荧光）	2
一开双控（荧光）	4
二开单控（荧光）	2
三开单控（荧光）	1
16A 三孔插座（空调）	3
三孔插座	2
五孔插座	22
电视插座	2
电话插座	1
电脑插座	1

续表

二室一厅常见开关插座数量	
名称	数量
一开单控	3
二开单控	2
一开双控	4
三开单控	1
五孔插座	20
五孔插座+开关	3
空调16A 插座	3
电视插座	2
电话插座	2
电脑插座	2
一室一厅常见开关插座数量	
名称	数量
一开单控	3
二开单控	1
一开双控	2
三开单控	1
五孔插座	14
空调16A 插座	2
电视插座	1
电话插座	2

注：其他套房开关插座数量可以根据本表进行调整。

5.1.6 开关插座防溅盒的尺寸

常见开关插座防溅盒的尺寸如图 5-5 所示。

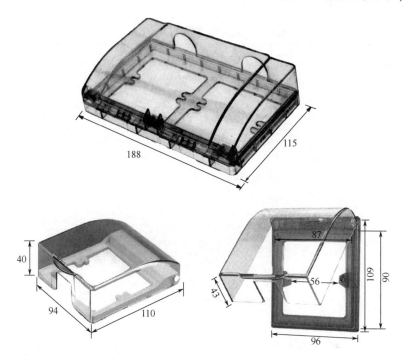

图 5-5 常见开关插座防溅盒的尺寸（单位：mm）

山 5.1.7 开关插座暗盒有关数据与尺寸

5.1.7.1 基本知识

常见暗盒数据特点数据见表 5-10、表 5-11。

表 5-10 常见暗盒数据特点 1

名称	解 说
86 型	86 型暗盒的尺寸约为 80mm×80mm，面板尺寸约为 86mm×86mm。其是使用最多的一种接线暗盒，因此，暗盒 86 型也叫做通用暗盒
120 型	120 型接线暗盒分为 120/60 型与 120/120 型。120/60 型暗盒尺寸约为 114mm×54mm，面板尺寸约为 120mm×60mm。 120/120 型暗盒尺寸约为 114mm×114mm。面板尺寸约为 120mm×120mm

表5-11　常见暗盒数据特点2　　　　　单位：mm

	外形尺寸	安装孔距
小号暗盒（一二位）	宽为105，高为68，深为52	安装孔距77～88
中号暗盒（三位）	宽为147，高为68，深为52	安装孔距120～128
大号暗盒（四位）	宽为185，高为68，深为52	安装孔距156～166

5.1.7.2　图例

常用暗盒图例如图5-6所示。

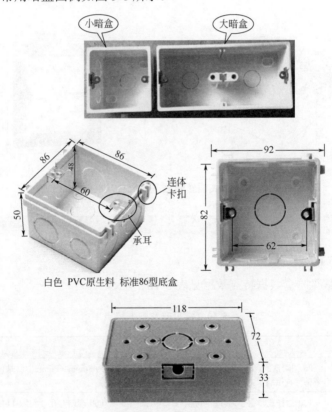

白色 PVC原生料 标准86型底盒

图 5-6　常用暗盒图例（单位：mm）

5.2 灯具数据与尺寸

5.2.1 各种光电源指标

5.2.1.1 基本知识

各种光电源指标见表 5-12。

表 5-12 各种光电源指标

光源种类		额定功率范围/W	光效/（lm/W）	显色指数/RA	色温/K	平均寿命/h
热辐射光源	普通照明用白炽灯	10～1500	7.3～25	95～99	2400～2900	1000～2000
	卤钨灯	60～5000	14～30	95～99	2800～3300	1500～2000
气体放电光源	普通直管型荧光灯	4～200	60～70	60～72	全系列	6000～8000
	三基色荧光灯	28～32	93～104	80～98	全系列	12000～15000
	紧凑型荧光灯	5～55	44～87	80～85	全系列	5000～18000
	荧光高压汞灯	50～1000	32～55	35～40	3300～4300	5000～10000
	金属卤化物灯	35～3500	52～130	65～90	3000/4500/5600	5000～10000
	高压钠灯	35～1000	64～140	23/60/85	1950/2200/2500	12000～24000

LED 光源性能要求如下。

LED 光源额定电压——LED 光源在额定电压 90%～110%范围内应能够正常工作，特殊场所应能够满足使用场所的要求。

LED 光源额定相关色温——用于人员长期工作或停留场所的一般照明的 LED 光源，额定相关色温不宜高于 4000K。

LED 光源初始光通量——LED 光源的初始光通量不应低于额

定光通量的 90%，并且不应高于额定光通量的 120%。

LED 光源输入功率与额定值之差——LED 光源的输入功率与额定值之差不应大于额定值的 10%或 0.5W。

LED 光源光通维持率——LED 光源工作 3000h 后的光通维持率不应小于 96%。6000h 的光通维持率不应小于 92%。

LED 光源显色指数——用于人员长期工作或停留场所的一般照明的 LED 光源，一般显色指数不应小于 80，特殊显色指数 R9 应大于 0。

LED 光源的功率因数——LED 实测功率小于等于 5W，则功率因数大于等于 0.5。LED 实测功率大于 5W，则功率因数大于等于 0.9。家居用 LED 光源的功率因数不应小于 0.7。

非定向 LED 光源的初始光效——非定向 LED 光源小于等于 5W，额定色温 2700K 的初始光效不应低于 65lm/W。非定向 LED 光源小于等于 5W，额定色温 3000K 的初始光效不应低于 65lm/W。非定向 LED 光源小于等于 5W，额定色温 3500～4000K 的初始光效不应低于 71lm/W。非定向 LED 光源大于 5W 的球泡灯，额定色温 2700K 的初始光效不应低于 65lm/W。非定向 LED 光源大于 5W 的球泡灯，额定色温 3000K 的初始光效不应低于 70lm/W。非定向 LED 光源大于 5W 的球泡灯，额定色温 3500～4000K 的初始光效不应低于 75lm/W。

5.2.1.2　技巧一点通

（1）高度低于（≤4.5m）的房间，宜选用细管径（≤26mm）直管型三基色 T8、T5 荧光灯。不宜选用粗管径（＞26mm）的荧光灯与普通 T8 荧光灯。

（2）高度较高（＞4.5m）的工业厂房，应选择金属卤化物灯或高压钠灯，也可以选择大功率细管荧光灯。

（3）为节约能源，室外照明可以用金属卤化物灯或高压钠灯。室内公共、工业建筑的公共场所可以选择环型荧光灯或紧凑型荧光灯。

（4）商店营业厅宜选用紧凑型荧光灯与 35W、70W 小功率的金属卤化物灯。目前，很多考虑选择 LED 灯。

5.2.2 灯具的选择

5.2.2.1 基本知识

灯具具有控制光源、安全、美化环境、保护光源等作用。设计、安装时主要从其光学性能、光源种类、安装方式、照明场所的使用条件、经济性等方面综合确定。灯具选择的一些条件见表 5-13。

表 5-13 灯具选择的一些条件

室形指数	灯具的最大允许距高比	选择的灯具配光
5~1.7（宽而矮的房间）	1.5~2.5	宽配光
0.5~0.8（窄而高的房间）	0.5~1.0	窄配光
0.8~1.7（中等宽和高的房间）	0.8~1.5	中配光

注：室形指数是表征房间（场所）几何形状的数值。

5.2.2.2 技巧一点通

在满足眩光限制、配光要求条件下，需要选用效率高的灯具。

5.2.3 灯具安装有关数据与尺寸

5.2.3.1 基本知识

灯具安装要求概述见表 5-14。

表 5-14 灯具安装要求概述

项目	解　说
吊灯有关数据尺寸	（1）大吊灯最小高度一般大约为 2400mm （2）一般而言，卧室面积为 10m² 以下，可以选择 45cm 以下直径的吸顶灯，45cm 以下直径的吸顶灯光源大小可达大约为 100W。卧室面积为 10～20m² 的则选择直径大约为 60cm 的吸顶灯，其光源瓦数大小可达大约为 200W。卧室面积为 20～30m² 的则选吸顶灯的直径大约为 80cm，其光源瓦数大小可达大约为 300W。实际光源瓦数大小可以通过选择灯泡功率大小来控制 （3）吸顶灯长方形尺寸主要有 800mm×600mm、920mm×675mm、560mm×560mm 等几类
壁灯高度	一般为 1500～1800mm
反光灯槽最小直径	等于或大于灯管直径两倍
壁式床头灯高度	1200～1400mm
房屋中央灯具的直径	将屋内长度、宽度进行测量，以及将二者相加得到一个树值。屋内安置灯具的直径不应超过该数值的 1/12
桌子之上灯具的直径	家中灯具的直径应比桌子的宽度至少多 300mm，以免碰头
灯具与餐桌的距离	灯具的位置与餐桌桌面间应有 710～810mm 的距离
走廊灯具和地板间的距离	走廊灯具的安置需要让灯保持在同一方向。高顶的走廊需要选择使用低悬挂灯。灯具和地板间至少应有 2130mm 的距离
厨房区灯具吊坠灯安装要求	厨房区的灯具安置需要在考虑美观的同时注重安全。厨房区安装吊坠灯，应距离地板 1830mm 或者距离操作台台面 710～860mm。安装位置应足够高，以免人过于盯着灯具
楼梯间灯具安装要求	灯具安装位置的最低处以及物品最高处应空出一个 460～610mm 的空间
浴室灯具距离地板的要求	浴室安装灯具常见的是壁灯，并且一般安装在镜子的两侧。也有使用吊灯安置在浴室内的情况。浴室灯具安装位置一般是在视线范围内与视线齐平，距离地板最少 1530mm
大厅水晶吊灯的安装要求	大厅中的水晶吊灯底部距离地面的最少距离应为 2030～2130mm。如果大厅有 2 层楼高，则灯具的设计至少不能低于第二层楼。如果第二层上有窗户，则应将水晶吊灯放在窗户中央的位置
房子中央灯具的安装要求	大多数房子地板距离灯具的位置大约 2130mm。如果下方是咖啡桌或者其他家具，则灯具可以放得更低一些，这样不会碰到灯具
卧室内灯具的安装要求	标准卧室内灯具的位置是距离地板大约 2130mm。如果将灯具布置在床位置的正上方，则需要注意跪在床上时灯具至少距离头部大约 150mm
一个大约 10m² 的房间灯具的选择	一般选择直径为 200mm 的吸顶灯或单头吊灯比较合适

续表

项目	解　说
一个大约 15m² 的房间灯具的选择	选择采用直径为 300mm 的吸顶灯或者直径为 400～500mm 的 3～4 头小型吊灯为宜
壁灯的选择与安装	（1）大约 15m² 的房间一般需要选择高 300mm、宽不超过 170mm、灯罩直径约 115mm 的壁灯 （2）大约 10m² 的房间一般需要选择高 250mm、宽不超过 170mm、灯罩直径为 90mm 的小型壁灯 （3）壁灯正常高度，一般为 1500～1800mm （4）走廊、回廊的壁灯安装高度需要略超过视平线，大约为 1.8m 高，也就是距离地面 2.2～2.6m。如果提高过道壁灯高度，则可以增大其光照范围。另外，过道壁灯高度还需要考虑壁灯尺寸大小的影响 （5）工作环境下的壁灯，应距离桌面 1.4～1.8m （6）卧室床头的壁灯距离地面 1.4～1.7m。如果卧室壁灯灯罩为 180mm×160mm，灯体部分的尺寸为 $D300mm×H420mm$，壁座直径为 160mm，则卧室壁灯高度一般控制距离地面为 1.4～1.7m。床头壁灯挑出墙面的距离一般为 95～400mm （7）壁灯挑出墙面的距离为 0.09～0.4m （8）书房壁灯高度一般控制在距离桌面为 1.4～1.7m 为宜 （9）室外走廊壁灯的高度需要根据走廊的高度来衡量，一般大约为 1.7m 或以上，这样可以使壁灯的光线得到有效的利用，另外也需要符合对走廊壁灯的装饰需求 （10）庭院壁灯一般安装高度为 2.0～2.2m （11）一般户外壁灯高度需要离地面 2.2～2.5m，但是如果在工作台上，需要离工作水平线大约是 1.5m
镜前灯安装高度	安装了浴室柜的情况下，则镜子一般设计安装在浴室柜上，也就是镜子的最高位置为 1.7～1.8m
庭院灯安装高度	庭院灯高度一般有 2.5m、3m、3.5m、4m、4.5m、5m 等几种常用规格。一些其他规格高度可以定做
吊灯安装高度	（1）吊灯的高度离地大约为 2m 以上，一般为离地面 2～2.4m （2）饭厅安装吊灯需要做到不阻碍桌上人的视线，也不能够让人觉得刺眼。饭厅安装吊灯理想高度以可以在饭桌上形成一池灯光为好。饭厅吊灯的高度一般离桌面 50～60cm 以上 （3）卧室吊灯需要根据床面的高度来确定，一般以家里最高的人站在床上不碰头为原则
白炽灯安装高度	家居中白炽灯最佳安装高度如下： 60W 的大约为 1000mm 40W 的大约为 650mm 25W 的大约为 500mm 15W 的大约为 300mm
日光灯距桌面高度	日光灯距桌面高度如下： 40W 日光灯距桌面高度大约为 1500mm 30W 日光灯距桌面高度大约为 1400mm 20W 日光灯距桌面高度大约为 1100mm 8W 日光灯距桌面高度大约为 550mm

续表

项目	解　说
射灯有关尺寸	（1）射灯为 35W 的尺寸一般有两种，一种开口射灯尺寸宽大约为 205mm×90mm，高大约为 170mm。另一种开口射灯尺寸宽大约为 243mm×106mm，高大约为 198mm （2）一种 20W 的开口射灯宽大约为 235mm×106mm，高大约为 198mm （3）一种 50W 开口射灯宽大约为 235mm×106mm，高大约为 198mm （4）一种 70W 开口射灯宽大约为 205mm×110mm，高大约为 205mm。一种 70W 开口射灯宽大约为 180mm×137mm，高大约为 220mm （5）一种 120W 开口射灯宽大约为 130mm×220mm，高大约为 309mm （6）一种 300W 开口射灯宽大约为 150mm×287mm，高大约为 391mm （7）射灯开孔尺寸一般为 45mm、50mm、55mm、60mm、65mm、70mm、75mm、80mm、90mm、100mm 等
落地灯尺寸	落地灯尺寸主要考虑灯架高度、灯罩高度。灯罩、灯架的选择需要考虑很多因素，重要的是考虑协调搭配。天花板高度在 2.40m 以上的，则可以考虑选择 1.70m、1.80m 高的落地灯

5.2.3.2　技巧一点通

灯具不仅起照明作用，还可以营造气氛。灯具的使用需要考虑灯具的尺度与装修环境空间色调的搭配，以免灯具安装后看上去有说不出的别扭。灯具的使用首先需要明确家居房屋层高是多高。大型的灯饰需要足够的立体空间才能够驾驭。如果房间装饰的灯具太小或小房间装饰大灯具，则会破坏房间的协调和谐感。有的房子高度为 2.5~3m，因此灯具选择不要超过 1.2m（灯具高度）。挑空 4~5m 的别墅，则需要选择 1.5m 以上（灯具高度）的灯才视觉感舒服一些。同时，注意灯体高度最好不要低于直径，以免比例失调产生欠缺感。层高较矮的设计安装吸顶灯较合适，层高较高的设计安装吊灯较合适。壁灯的尺寸需要根据被放置墙面的大小、房间大小、主灯具的大小来确定。台灯的大小需要根据写字台的大小来确定。

5.2.4　欧洲标准灯具线号与额定电流的关系

欧洲标准灯具线号与额定电流的关系见表 5-15。

表 5-15　欧洲标准灯具线号与额定电流的关系

接线端通过的最大额定电流/A	导体的横截面面积/mm²
6	0.5~1
10	1~1.5
16	1.5~2.5

5.2.5　家居照明参考数值

家居照明参考数值见表 5-16。

表 5-16　家居照明参考数值

房间或场所		参考平面及其高度	照明标准值/lx	显色指数 Ra
起居室	一般活动	0.75m 水平面	100	80
	书写、阅读		300*	
卧室	一般活动	0.75m 水平面	75	80
	床头、阅读		150*	
餐厅		0.75m 餐桌面	150	80
厨房	一般活动	0.75m 水平面	100	80
	操作台	台面	150*	
卫生间		0.75m 水平面	100	80

注：带*宜用混合照明。

5.2.6　灯具安装件安装承装载荷

灯具安装件安装承装载荷见表 5-17。

表 5-17　灯具安装件安装承装载荷

胀管系列	规格/mm						承装载荷容许拉力（×10N）	承装载荷容许剪力（×10N）
	胀管		螺钉或沉头螺栓		钻孔			
	外径	长度	外径	长度	外径	深度		
塑料胀管	6	30	3.5	按需要选择	7	35	11	7
	7	40	3.5		8	45	13	8

胀管系列	规格/mm						承装载荷容许拉力（×10N）	承装载荷容许剪力（×10N）
	胀管		螺钉或沉头螺栓		钻孔			
	外径	长度	外径	长度	外径	深度		
塑料胀管	8	45	4.0	按需要选择	9	50	15	10
	9	50	4.0		10	55	18	12
	10	60	5.0		11	65	20	14
沉头式胀管（膨胀螺栓）	10	35	6	按需要选择	10.5	40	240	160
	12	45	8		12.5	50	440	300
	14	55	10		14.5	60	700	470
	18	65	12		19.0	70	1030	690
	20	90	16		23	100	1940	1300

5.2.7　卧室灯具有关数据与尺寸

5.2.7.1　基本知识

卧室的大小与灯大小、光源大小应成正比。选择、安装卧室灯需要先知道卧室的大小、高度等。卧室灯具有关数据见表 5-18。

表 5-18　卧室灯具有关数据

项　　目	解　　说
10m² 及以下的卧室（一般而言）	参考选择直径 26cm、22W 以下的吸顶灯
10~20m² 的卧室	参考选择直径 32cm、32W 的吸顶灯
20~30m² 的卧室	参考选择直径 38~42cm、40W 的吸顶灯
面积大于 30m² 的卧室	可以采用直径 70~80cm 的双光源的吸顶灯

5.2.7.2　技巧一点通

卧室灯不必设计、安装太大的，大了看起来整个卧室顶都被灯给罩住了，一般够亮即可。如果卧室高度够，则可以安装水晶吊灯。

如果卧室不太高，则可以安装水晶吸顶灯。卧室的风格决定了卧室水晶灯的风格。古典风格的卧室一般选择欧式水晶灯，以彰显古典、高雅的气质。

5.2.8 客厅灯具安装要求

5.2.8.1 基本知识

客厅灯具安装要求见表 5-19。

表 5-19 客厅灯具安装要求

项 目	解 说
客厅所需的照度	一般为 150～300lx
阅读时对照度的要求	一般为 600lx
面积对安装高度的要求	（1）面积为 10～25m² 客厅，水晶灯尺寸一般不大于 1m （2）面积为 30m² 以上的客厅，水晶灯尺寸一般在 1.2m 及以上
水晶吸顶灯的高度要求	一般而言，水晶吸顶灯的高度为 30～40cm，水晶吊灯高度大约为 70cm。挑空水晶吊灯高度为 150～180cm
水晶吊灯下方预留空间	水晶吊灯安装在客厅时，下方需要留有大约 2m 的空间
客厅壁灯高度	客厅壁灯高度一般高于人的视线，也就是一般控制在 1.8m 以上的位置

5.2.8.2 技巧一点通

客厅总体照明可使用顶灯，一般可以在房间中央装一盏单头或多头的吊灯作为主体灯，以创造稳重大方、温暖热烈的环境，从而具有一种亲切感。

客厅顶灯的选用需要根据客厅的面积、高度来决定。如果面积只有十几平方米，且居室形状不规则，则一般选择吸顶灯。如果客厅高大，则可根据主人的年龄、爱好、文化，以及光照风格、舒适温馨要求来选择吊灯。

客厅局部照明可以选择落地灯、壁灯等。看电视、休闲阅读处，可以选择安装高杆落地灯。沙发后墙上挂有横幅字画的，可在字画的两边设计安装两盏大小合适的壁灯。沙发边可设计放置一盏落地灯。

客厅灯具外形与档次，需要考虑客厅气氛协调。如果房间较高，可以选择3～5叉的白炽吊灯或一个较大的圆形吊灯。一般不宜选择全部向下配光的吊灯。如果房间较低，则可以选择吸顶灯加落地灯。

5.2.9 射灯的参数

厨房天花安装射灯，能够给厨房提供一个均匀的基础照明，满足一般使用。厨房灯具一般需要选择显色性大于80、色温在3000（暖光）～5000K（中性白）的光源。

某款 AR111 射灯的参数见表5-20。

表 5-20　某款 AR111 射灯的参数

项目	参　数
安装高度	2～5m
功率因数	>0.9
光通量	≥380～450lm/W
色温（可选）	3000～6500K
使用环境	−10～50℃
使用寿命	>35000h
输入电压	220V～/50～60Hz
输入功率	8W
外形尺寸	Φ111mm×59mm
温度	≤95%

5.2.10 LED 筒灯常用尺寸

（1）LED 筒灯保护角要求见表5-21。

表 5-21　LED 筒灯保护角要求

亮度/（kcd/m^2）	最小保护角/（°）
$1 \leqslant L < 20$	10
$20 \leqslant L < 50$	15
$50 \leqslant L < 500$	20
$500 \leqslant L$	30

（2）LED 筒灯口径范围尺寸见表 5-22。

表 5-22　LED 筒灯口径范围尺寸

标称的口径/mm	允许的范围/mm
51	51_{-5}^{0}
64	64_{-5}^{0}
76	76_{-5}^{0}
89	89_{-5}^{0}
102	102_{-10}^{0}
127	127_{-10}^{0}
152	152_{-10}^{0}
178	178_{-10}^{0}
203	203_{-15}^{0}
254	254_{-15}^{0}

5.2.11　LED 天花豆胆灯的参数

常用 LED 天花豆胆灯参数见表 5-23。

表 5-23 常用 LED 天花豆胆灯参数

名称	额定电压	功率/W	灯具尺寸/mm	开孔尺寸/mm	光通量/lm	LED数量	色温/K
MR16 一头豆胆灯	AC85～265V	3	Φ135×135	Φ110×110	270	3 颗	2700～7000
MR16 二头豆胆灯	AC85～265V	6	Φ243×135	Φ215×110	540	6 颗	2700～7000
AR70 一头豆胆灯	AC85～265V	5	Φ145×145	Φ120×120	450	5 颗	2700～7000
AR70 二头豆胆灯	AC85～265V	14	Φ250×145	Φ225×120	630	7 颗	2700～7000
AR111 一头豆胆灯 5W	AC85～265V	5	Φ203×203	Φ165×165	450	5 颗	2700～7000
AR111 二头豆胆灯 10W	AC85～265V	10	Φ390×203	Φ350×165	900	10 颗	2700～7000
AR111 一头豆胆灯 7W	AC85～265V	7	Φ203×203	Φ165×165	630	7 颗	2700～7000
AR111 二头豆胆灯 14W	AC85～265V	14	Φ390×203	Φ350×165	1360	14 颗	2700～7000
AR111 一头豆胆灯 9W	AC85～265V	9	Φ203×203	Φ165×165	810	9 颗	2700～7000
AR111 二头豆胆灯 18W	AC85～265V	18	Φ390×203	Φ350×165	1620	18 颗	2700～7000
AR111 一头豆胆灯 12W	AC85～265V	12	Φ203×203	Φ165×165	1080	12 颗	2700～7000

5.2.12 LED 灯杯射灯尺寸标准

LED 的灯饰有许多种，不同的灯饰要有不同的灯杯。灯杯是指灯具的外形犹如圆锥体形状的杯子，直径为 3～5cm。LED 灯杯射灯有关数据见表 5-24。

表 5-24　LED 灯杯射灯有关数据

项目	解　说
20 W LED 灯杯射灯	开口，宽大约为 235mm×106mm，高大约为 198mm
35W LED 灯杯射灯	开口，宽大约为 205mm×90mm，高大约为 170mm
35 W LED 灯杯射灯	开口，宽大约为 243mm×106mm，高大约为 198mm
50 W LED 灯杯射灯	开口，宽大约为 235mm×106mm，高大约为 198mm
70 W LED 灯杯射灯	开口，宽大约为 205mm×110mm，高大约为 205mm
70 W LED 灯杯射灯	开口，宽大约为 180mm×137mm，高大约为 220mm
Max120W LED 灯杯射灯	开口，宽大约为 130mm×220mm，高大约为 309mm
Max300W LED 灯杯射灯	开口，宽大约为 150mm×287mm，高大约为 391mm

注：不同厂家 LED 灯杯射灯具体形状、尺寸有差异。

5.2.13　节能灯的参数

5.2.13.1　基本知识

常用节能灯和 LED 灯的参数见表 5-25 和表 5-26。

表 5-25　常用节能灯的参数

型号	额定电压/V	功率/W	功率因数	光通量/lm	灯头型号	平均寿命/h
YP220V/3W-2U	220	3	0.60	150	E27	6000
YP220V/5W-2U	220	5	0.60	260	E27	6000
YP220V/7W-2U	220	7	0.60	350	E27	6000
YP220V/9W-2U	220	9	0.60	530	E27	6000
YP220V/11W-2U	220	11	0.60	150	E27	6000
YP220V/5W-2US	220	5	0.60	260	E27	6000
YP220V/7W-2US	220	7	0.60	350	E27	6000
YP220V/9W-2US	220	9	0.60	530	E27	6000
YP220V/11W-2US	220	11	0.60	600	E27	6000
YP220V/13W-2US	220	13	0.60	730	E27	6000

续表

型号	额定电压/V	功率/W	功率因数	光通量/lm	灯头型号	平均寿命/h
YP220V/15W-2US	220	15	0.60	840	E27	6000
YP220V/7W-3U	220	7	0.60	380	E27	6000
YP220V/9W-3U	220	9	0.60	500	E27	6000
YP220V/11W-3U	220	11	0.60	620	E27	6000
YP220V/13W-3U	220	13	0.60	750	E27	6000
YP220V/15W-3U	220	15	0.60	870	E27	6000
YP220V/22W-3U	220	22	0.60	1210	E27	6000
YP220V/26W-3U	220	26	0.60	1430	E27	6000
YP220V/28W-3U	220	28	0.60	1540	E27	6000
YP220V/30W-3U	220	30	0.60	1650	E27	6000
YP220V/45W-4U	220	45	0.60	1210	E27	6000
YP220V/55W-4U	220	55	0.60	1430	E27	6000
YP220V/65W-4U	220	65	0.60	1540	E27	6000

表 5-26 常用 LED 灯的参数

型　号	额定电压/V	功率/W	色温/K	尺寸/mm
飞利浦 LED 吸顶灯 20W	220	20	6500	380×380×50
飞利浦 8W LED 灯	220～240	8	6500	103（高度）×56（宽度）
飞利浦 LED 筒灯 3.5W	220	3.5	冷光 （5000 以上）	—
欧普 LED 吸顶灯 22.5W	220	22.5	4500	435×435×85
欧普 LED 射灯 3.5W	220V	3.5	5000	—
雷士 LED 面板灯 9W	220	9	6500	300×300

5.2.13.2　图例

常用节能灯尺寸数据如图 5-7 所示。

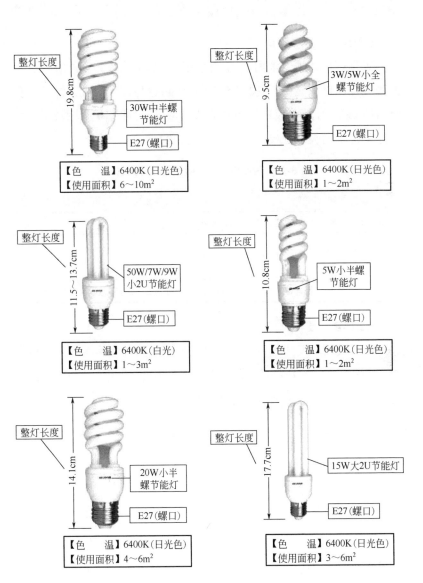

整灯长度

19.8cm

30W中半螺
节能灯

E27(螺口)

【色　　温】6400K(日光色)
【使用面积】6～10m²

整灯长度

9.5cm

3W/5W小全
螺节能灯

E27(螺口)

【色　　温】6400K(日光色)
【使用面积】1～2m²

整灯长度

11.5～13.7cm

50W/7W/9W
小2U节能灯

E27(螺口)

【色　　温】6400K(白光)
【使用面积】1～3m²

整灯长度

10.8cm

5W小半螺
节能灯

E27(螺口)

【色　　温】6400K(日光色)
【使用面积】1～2m²

整灯长度

14.1cm

20W小半
螺节能灯

E27(螺口)

【色　　温】6400K(日光色)
【使用面积】4～6m²

整灯长度

17.7cm

15W大2U节能灯

E27(螺口)

【色　　温】6400K(日光色)
【使用面积】3～6m²

图 5-7　常用节能灯尺寸数据

5.2.14 不同空间吸顶灯尺寸与选择

5.2.14.1 基本知识

吸顶灯尺寸需要根据不同空间照明面积来选择。不能选择过小的吸顶灯，以免显得天花板空旷；也不可选择过大的吸顶灯，以免显得喧宾夺主。卧室吸顶灯尺寸的选择可以参见卧室灯具数据尺寸。客厅与卫生间吸顶灯尺寸的选择见表 5-27。

表 5-27　客厅与卫生间吸顶灯尺寸的选择

项目	解　说
12m² 以下的小客厅	一般选择直径为 20cm 以下的吸顶灯
15m² 左右的客厅	一般选择直径为 30cm 的吸顶灯即可。吸顶灯直径最大不得超过 40cm，如果超过 40cm，则显得吸顶灯与客厅不协调
卫生间吸顶灯尺寸	现在卫生间一般装吊顶，卫生间吊顶扣板尺寸大多为 30cm×30cm。因此，卫生间吸顶灯需要根据扣板的大小来选择，最好选择 LED 吸顶灯

5.2.14.2 技巧一点通

客厅吸顶灯尺寸选择考虑的最重要因素为客厅的面积大小与户型。客厅吸顶灯灯具数量、大小需要配合适宜。卫生间如果比较大，则可以在卫生间镜子上装镜灯或射灯。

5.2.15 餐桌吊灯高度要求

餐桌吊灯高度要求如图 5-8 所示。

5.2.16 庭院灯的灯杆规格

庭院灯灯杆规格有多种，各规格价格不同，另外有需要做压花或其他异形处理的灯杆需要针对不同的要求做出相应的调整。常用庭院灯的灯杆规格见表 5-28。

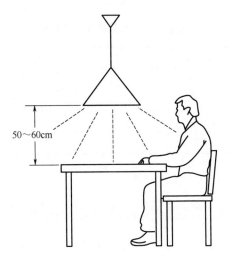

50～60cm

图 5-8　餐桌吊灯高度要求

表 5-28　常用庭院灯的灯杆规格

项目	解　　说
庭院灯灯杆规格	115mm 等径、219mm 等径、76～140mm 变径、89～140mm 变径、76～165mm 变径、89～165mm 变径、115～165mm 变径、100mm 方杆、110mm 方杆、其他方杆

5.2.17　筒灯的分类规格与筒灯最小保护角要求

（1）筒灯的分类规格见表 5-29。

表 5-29　筒灯的分类规格

LED 筒灯	分　　类
按光通量分类	LED 筒灯分类为 300lm、400lm、600lm、800lm、1100lm、1500lm、2000lm、2500lm、3000lm、4000lm 或 5000lm
按口径分类	圆形嵌入式 LED 筒灯分类为 51mm、64mm、76mm、89mm、102mm、127mm、152mm、178mm、203mm 或 254mm

（2）筒灯最小保护角要求见表 5-30。

表 5-30　筒灯最小保护角要求

亮度 L/（kcd/m²）	最小保护角/（°）
1≤L<20	10
20≤L<50	15
50≤L<500	20
500≤L	30

注：在实际的照明应用中，保护角所能提供的眩光控制水平还与照明设计的其他因素有关。有的标准中，大于等于 500kcd/m² 为高亮度。

5.2.18　LED 筒灯口径允许尺寸与筒灯口径尺寸公制英制的对照

（1）LED 筒灯口径允许尺寸范围要求见表 5-31。

表 5-31　LED 筒灯口径允许尺寸范围要求

标称的口径/mm	允许的范围/mm	标称的口径/mm	允许的范围/mm
51	51_{-5}^{0}	127	127_{-10}^{0}
64	64_{-5}^{0}	152	152_{-10}^{0}
76	76_{-5}^{0}	178	178_{-10}^{0}
89	89_{-5}^{0}	203	203_{-15}^{0}
102	102_{-10}^{0}	254	254_{-15}^{0}

（2）圆形嵌入式 LED 筒灯口径尺寸公制与英制的对照见表 5-32。

表 5-32　圆形嵌入式 LED 筒灯口径尺寸公制与英制的对照

公制单位口径尺寸/mm	英制单位口径尺寸/in	公制单位口径尺寸/mm	英制单位口径尺寸/in
51	2	127	5
64	2.5	152	6
76	3	178	7
89	3.5	203	8
102	4	254	10

5.2.19　筒灯开孔尺寸

5.2.19.1　基本知识

（1）一般普通筒灯开孔尺寸与安装节能灯管瓦数见表 5-33。

表 5-33　一般普通筒灯开孔尺寸与安装节能灯管瓦数

筒灯	直径规格/cm	开孔尺寸/cm	安装节能灯管
2.5in 筒灯	10	8	最大装 5W 节能灯
3in 筒灯	11	9	最大装 7W 节能灯
3.5in 筒灯	12	10	最大装 9W 节能灯
4in 筒灯	14.2	12	最大装 13W 节能灯
5in 筒灯	17.8	15	最大装 18W 节能灯
6in 筒灯	19	16.5	最大装 26W 节能灯

（2）LED 筒灯开孔尺寸与安装节能灯管瓦数见表 5-34。

表 5-34　LED 筒灯开孔尺寸与安装节能灯管瓦数

LED 筒灯	规格尺寸/mm	开孔尺寸/mm	安装节能灯管/W
2.5in LED 筒灯	$\Phi102\times H30$	$\Phi80$	3
3in LED 筒灯	$\Phi112\times H30$	$\Phi90$	5
3.5in LED 筒灯	$\Phi122\times H30$	$\Phi100$	7
4in LED 筒灯	$\Phi146\times H30$	$\Phi120$	9
5in LED 筒灯	$\Phi180\times H30$	$\Phi150$	12
6in LED 筒灯	$\Phi190\times H30$	$\Phi160$	15

5.2.19.2　图例

常用筒灯尺寸如图 5-9 所示。

【开孔尺寸】直径9.5cm
【光源】小2U/迷你小半螺(5W)

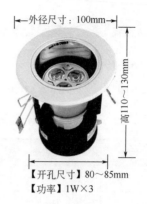

【开孔尺寸】80～85mm
【功率】1W×3

【开孔尺寸】直径7.5cm
【光源】小2U/小全螺(3～5W)
　　　　迷你小半螺(5W)

【开孔尺寸】直径8.5cm
【光源】小2U(5W)

图5-9　常用筒灯尺寸

5.2.20　筒灯其他有关数据与尺寸

5.2.20.1　基本知识

筒灯是嵌入到天花板内光线下射式的一种照明灯具。其最大特点就是能够保持建筑装饰的整体统一性与完美性。筒灯可以分为固定的竖装筒灯与横装筒灯，以及无需开孔直接安装的明装筒灯。

（1）筒灯有关数据与尺寸见表5-35。

表 5-35　筒灯有关数据与尺寸

项目	解　说
家装筒灯直径尺寸	最大号的筒灯尺寸一般不超过 8in，家装筒灯的尺寸最大不超过 4in
家装筒灯直径分类	根据尺寸来划分，可以分为 2in、2.5in、3in 等一直往上划分分类。竖装筒灯主要规格有 2in、2.5in、3in、3.5in、4in、5in、6in 等。　横装筒灯规格集中在 4in、5in、6in、8in、9in、10in、12in 等。无需开孔明装筒灯尺寸有 2.5in、3in、4in、5in、6in 等。
常见筒灯开孔尺寸与外径尺寸	一般而言，竖装标准筒灯尺寸如下（瓦数为最佳散热）： 2.5in 直径尺寸 10cm、开孔尺寸 8cm、最大装 5W 节能灯 3in 直径尺寸 11cm、开孔尺寸 9cm、最大装 7W 节能灯 3.5in 直径尺寸 12cm、开孔尺寸 10cm、最大装 9W 节能灯 4in 直径尺寸 14.2cm、开孔尺寸 12cm、最大装 13W 节能灯 5in 直径尺寸 17.8cm、开孔尺寸 15cm、最大装 18W 节能灯 6in 直径尺寸 19cm、开孔尺寸 16.5cm、最大装 26W 节能灯
筒灯间距	合适的间距一般为 1～2m，或者可以更远，具体根据实际长度来确定
筒灯的功率	筒灯的功率一般不大，目前使用节能灯泡居多，一般为 8～25W。具体灯泡的功率需要根据空间的大小来确定

（2）常用筒灯尺寸与开孔尺寸见表 5-36。

表 5-36　常用筒灯尺寸与开孔尺寸

名　称	规格尺寸/mm	开孔尺寸/mm	光源	电压/V	功率/W
RD-0001 竖螺筒灯	2in 尺寸：$\Phi 93 \times H105$	$\Phi 77$	CFL/E27	220	Max45
RD-0002 竖螺筒灯	2 (1/2) in 尺寸：$\Phi 102 \times H106$	$\Phi 84$	CFL/E27	220	Max45
RD-0003 竖螺筒灯	3in 尺寸：$\Phi 116 \times H120$	$\Phi 93$	CFL/E27	220	Max45
RD-0004 竖螺筒灯	3 (1/2) in 尺寸：$\Phi 126 \times H125$	$\Phi 100$	CFL/E27	220	Max45
RD-0005 竖螺筒灯	4in 尺寸：$\Phi 152 \times H155$	$\Phi 124$	CFL/E27	220	Max45
RD-1304 直插筒灯	5in 尺寸：$\Phi 160 \times H175$	$\Phi 145$	PLC/G24d-1	220	Max13
RD-1305 直插筒灯	6in 尺寸：$\Phi 190 \times H205$	$\Phi 175$	PLC/G24d-1	220	Max18
RD-2001 横螺筒灯	4in 尺寸：$\Phi 233 \times L145 \times H100$	$\Phi 126$	CFL/E27	220	—
RD-2002 横螺筒灯	5in 尺寸：$\Phi 280 \times L170 \times H90$	$\Phi 154$	CFL/E27	220	—
RD-2003 横螺筒灯	6in 尺寸：$\Phi 310 \times L190 \times H118$	$\Phi 174$	CFL/E27	220	—

名　称	规格尺寸/mm	开孔尺寸/mm	光源	电压/V	功率/W
RD-2004 横螺筒灯	8in 尺寸：Φ333×L235×H125	Φ207	CFL/E27	220	—
RD-3001 横插筒灯	4in 尺寸：Φ233×L145×H100	Φ125	PLC/G24d-1	220	9
RD-3002 横插筒灯	5in 尺寸：Φ280×L170×H90	Φ154	PLC/G24d-1	220	13
RD-3003 横插筒灯	6in 尺寸：Φ310×L190×H118	Φ174	PLC/G24d-1	220	13
RD-3004 横插筒灯	8in 尺寸：Φ333×L235×H125	Φ207	PLC/G24d-1	220	18

5.2.20.2　技巧一点通

筒灯间距需要根据室内情况、总长度等灵活安排。首先确定在同一面需要安装几盏筒灯，然后根据墙面长度或吊顶的长度进行平均分配，再根据筒灯的规格进行预留合适的空间。筒灯的功率需要根据空间大小、光源充足性来考虑。一般筒灯所用的灯泡为节能灯泡。家装筒灯间距，一般设计为2~4盏，三盏的为最多，两盏的也较普遍。

5.2.21　轨道灯规格与安装尺寸

轨道灯是安装在类似轨道上面的一种灯。其可以随意调节灯的角度，一般作为射灯用放在需要重点照明的地方。轨道灯安装尺寸受其瓦数影响，不同瓦数的轨道灯安装尺寸见表5-37。

表 5-37　不同瓦数的轨道灯安装尺寸

项目	解　说
3W 明装轨道灯	灯头直径一般大约为 5.2cm，高度一般大约为 16cm，灯长大约为 10cm，安装盒大约长为 10.3cm
7W 明装轨道灯	灯头直径一般大约为 7.1cm，高度一般大约为 17cm，灯长大约为 11cm，安装盒大约长为 9.7cm
12W 明装轨道灯	灯头直径一般大约为 9.9cm，高度一般大约为 26cm，灯长大约为 18cm，安装盒大约长为 9.7cm
18W 明装轨道灯	灯头直径一般大约为 11.4cm，高度一般大约为 27cm，灯长大约为 17.7cm，安装盒大约长为 9.7cm

第6章
电气、设备数据与尺寸

6.1　电气数据与尺寸

6.1.1　电线有关数据

（1）为防止线路过热，保证线路正常工作，导线运行时不得超过其最高温度。导线运行最高温度见表 6-1。

表 6-1　导线运行最高温度

类　　型	极限温度/℃
裸线	70
铅包或铝包电线	80
塑料电缆	65
塑料绝缘线	70
橡皮绝缘线	65

（2）保护线（包括 PE 线、保护零线、保护导体）截面的选择见表 6-2。

表 6-2　保护线的截面

相线的截面积 S/mm^2	相应保护导体的最小截面积 S_P/mm^2
$S \leqslant 16$	S
$16 < S \leqslant 35$	16
$35 < S \leqslant 400$	$S/2$
$400 < S \leqslant 800$	200
$S > 800$	$S/2$

注：S 指柜（屏、台、箱、盘）电源进线、相线截面积，并且两者（S、S_P）材质相同。

（3）BVVB 型护套变形电缆数据见表 6-3。

表 6-3　BVVB 型护套变形电缆数据

芯数/根×每芯截面面积/mm²	绝缘厚度/mm	护套厚度/mm	标称外径/mm
2×0.75	0.6	0.9	3.97×6.14
2×1.0	0.6	0.9	4.13×6.46
2×1.5	0.7	0.9	4.58×7.36
2×2.5	0.8	1.0	5.39×8.76
2×4	0.8	1.0	5.85×9.7
2×6	0.8	1.1	6.56×10.92

（4）BVR 型铜芯聚氯乙烯绝缘电线数据见表 6-4。

表 6-4　BVR 型铜芯聚氯乙烯绝缘电线数据

额定电压/V	标称截面/mm²	绝缘厚度/mm	标称外径/mm	平均外径上限/mm
450/750	2.5	0.8	3.65	4.1
450/750	4	0.8	4.20	4.8
450/750	6	0.8	4.80	5.3

续表

额定电压/V	标称截面/mm²	绝缘厚度/mm	标称外径/mm	平均外径上限/mm
450/750	10	1.0	6.68	6.8
450/750	16	1.0	7.76	8.1
450/750	25	1.2	10.08	10.2
450/750	35	1.2	11.1	11.7
450/750	50	1.4	13.00	13.9
450/750	70	1.4	15.35	16.0

（5）不同敷设方式导线芯线允许最小截面见表 6-5。

表 6-5　不同敷设方式导线芯线允许最小截面

用途		最小芯线截面面积/mm²		
		铜芯	铝芯	铜芯软线
裸导线敷设在室内绝缘子上		2.5	4.0	—
绝缘导线敷设在绝缘子上（L 表示支持点间距）	室内：L≤2m	1.0	2.5	—
	室外：L≤2m	1.5	2.5	—
	室内外：2m<L≤6m	2.5	4.0	—
	室内外：6m<L≤12m	2.5	6.0	—
绝缘导线穿管敷设		1.0	2.5	1.0
绝缘导线槽板敷设		1.0	2.5	—
绝缘导线线槽敷设		0.75	2.5	—
塑料绝缘护套线明敷设		1.0	2.5	—

（6）家装选择电线时，需要考虑电器使用功率。一般家里均设计安装六七路强电，以防发生意外状况。电线有关数据见表 6-6。

表 6-6　电线有关数据

项　目	解　说
常见电线规格	目前市场上在售的常见电线规格有 1.5mm²、2.5mm²、4mm²、6mm²、10mm² 电线等
常见家装电线整卷长度	目前市场上常见家装电线整卷长度有 20m、50m、100m 等

（7）家装 BV、BVR 电线功率见表 6-7。

表 6-7　家装 BV、BVR 电线功率

截面积/mm²	220V 下功率/W	380V 下功率/W	截面积/mm²	220V 下功率/W	380V 下功率/W
1（13A）	2900	6500	6（44A）	10000	22000
1.5（19A）	4200	9500	10（62A）	13800	31000
2.5（26A）	5800	13000	16（85A）	18900	42000
4（34A）	7600	17000	25（110A）	24400	55000

注：以上功率均为极限功率，根据使用环境的不同会有误差，选购时需要预留 20% 的余量作为缓冲。

（8）线缆选型举例见表 6-8。

表 6-8　线缆选型举例

应用	解说
视频线	摄像机到监控主机距离≤200m，可以选择 SYV75-3 视频线 摄像机到监控主机距离＞200m，可以选择 SYV75-5 视频线
云台控制线	云台与控制器距离≤100m，可以选择 RVV6×0.5 护套线 云台与控制器距离＞100m，可以选择 RVV6×0.75 护套线
解码器通信线	可以选择 RVV2×1 屏蔽双绞线
镜头控制线	可以选择 RVV4×0.5 护套线

6.1.2　PVC 电线管有关数据尺寸

6.1.2.1　PVC 电线管的类型与专用弯管弹簧的应用

PVC 电线管专用弯管弹簧的应用见表 6-9。

表 6-9　PVC 电线管专用弯管弹簧的应用

英制（公制）	型号	PVC 电线管壁厚度/mm	PVC 电线管弹簧外径/mm	PVC 电线管代号
（管外径）1in （Φ25mm）	超轻型	1.25～1.3	Φ22.3～22.4	105#
	轻型	1.4～1.5	Φ21.6～21.8	205#/215#

续表

英制（公制）	型号	PVC 电线管壁厚度/mm	PVC 电线管弹簧外径/mm	PVC 电线管代号
（管外径）1in （Φ25mm）	中型	1.6～1.7	Φ20.8～21.1	305#/315#
	重型	1.8～2.2	Φ20.2～20.5	405#/415#
（管外径）1.2in （Φ32mm）	超轻型	1.7	Φ28.8～28.9	105#
	轻型	1.7～1.8	Φ28.2～28.3	215#
	中型	2.2～2.3	Φ27.1～27.2	315#
	重型	2.8	Φ26.4～26.6	415#
（管外径）1.5in （Φ40mm）	中型	2.3	Φ35.5～35.6	315#
（管外径）4 分① （Φ16mm）	超轻型	0.8～0.9	Φ14.1～14.2	105#
	轻型	1.1～1.15	Φ13.6～13.7	205#/215#
	中型	1.3～1.45	Φ12.6～12.8	305#/315#
	重型	1.6～1.8	Φ12.1～12.2	405#/415#
（管外径）6 分 （Φ20mm）	超轻型	0.8～1	Φ17.8～17.9	105#
	轻型	1.1～1.15	Φ17.4～17.6	205#/215#
	中型	1.35～1.45	Φ16.5～16.8	305#/315#
	重型	1.5～2	Φ15.4～15.6	405#/415#

① 1in=25.4mm=8 英分，俗称 8 分。

6.1.2.2　PVC 电线管内允许容纳电线、电缆的数量

PVC 电线管内电线截面面积不能超过电线管截面面积的 40%。塑料线槽允许容纳电线、电缆的数量见表 6-10。

6.1.3　常用黄蜡管的规格

常用黄蜡管的规格见表 6-11。

表6-10　塑料线槽允许容纳电线、电缆的数量

PVC系列塑料线槽型号	线槽内横截面积/mm²	电线型号	单芯绝缘电线线芯标称截面积/mm²（允许容纳电线根数，电话线对数或电话电缆、同轴电缆条数）														RVB型或RVS型 2×0.3电话线 同轴电缆条数	HYV型 2×0.5 电话电缆	同轴电缆	
			1.0	1.5	2.5	4.0	6.0	10	16	25	35	50	70	95	120	150			SYV-75-5-1	SYV-75-9
PVC-25	200	BV BLV	8	5	4	3	2										6对	1条5对	2条	
		BX BLX	3	2	2	2														
		BXF BLXF	4	4	3	2														
PVC-40	800	BV BLV	30	19	15	11	9	5	3	2							22对	3条15对或1条50对	8条	3条
		BX BLX	10	9	8	6	5	3	2	2										
		BXF BLXF	17	15	12	9	6	4	3	2										
PVC-60	1200	BV BLV	75	47	36	29	22	12	8	6	4	3	2				33对	2条40对或1条100对		
		BX BLX	25	22	19	15	13	8	6	4	3	2	2							
		BXF BLXF	42	33	31	24	16	11	7	5	4	3	2							
PVC-80	3200	BV BLV	120	74	58	46	36	19	13	9	7	5	4	3	2		88对	2条150对或1条200对		
		BX BLX	40	36	30	25	21	12	9	6	5	4	3	2						
		BXF BLXF	67	58	49	38	26	17	11	8	6	4	3	3						
PVC-100	4000	BV BLV	151	93	73	57	44	24	17	11	9	6	5	3	3	3	110对	1条200对或1条300对		
		BX BLX	50	44	38	31	26	15	12	8	7	5	3	3	2					
		BXF BLXF	83	73	62	47	32	21	14	10	7	5	4	3						
PVC-120	4800	BV BLV	180	112	87	69	53	28	20	13	10	7	6	4	4	3	132对	2条200对或1条400对		
		BX BLX	60	53	46	37	31	18	14	10	8	6	5	4	3	2				
		BXF BLXF	100	87	74	56	38	25	16	12	9	7	5	4						

注：表中电线总截面积占线槽内横截面积的20%，电话线、电缆及同轴电缆总截面积占线槽内横截面积的33%。

表 6-11　常用黄蜡管的规格

标准内径/mm	内径公差/mm	壁厚/mm	常见包装	
			m/卷	m/盘
0.5	+0.1	0.18	100	1000
0.8	+0.1	0.18	100	1000
1.0	+0.1	0.18	100	1000
1.5	+0.2	0.18	100	1000
2.0	+0.2	0.18	100	600
2.5	+0.2	0.18	100	500
3.0	+0.3	0.23	100	400
3.5	+0.3	0.23	100	200
4.0	+0.3	0.23	100	200
4.5	+0.3	0.28	100	200
5.0	+0.4	0.28	100	200
5.5	+0.4	0.28	100	200
6.0	+0.4	0.32	100	200
7.0	+0.6	0.32	100	100
8.0	+0.6	0.32	50	100
9.0	+0.6	0.32	50	100
10	+0.8	0.52	50	100
11	+0.8	0.52	25	100
12	+0.8	0.52	25	100
13	+0.8	0.52	25	—
14	+0.8	0.52	25	—
15	+0.8	0.52	25	—
16	+0.8	0.52	20	—
18	+0.8	0.52	20	—
20	+0.8	0.52	20	—
25	+0.8	0.52	20	—
30	+0.8	0.52	20	—

6.1.4 室内燃气管道与电线、电气设备的间距

室内燃气管道与电线、电气设备的间距需要符合表 6-12 的规定。

表 6-12　室内燃气管道与电线、电气设备的间距需要

电线或电气设备名称	最小间距/mm
电表、配电器	300
电线（有保护管）	50
电线交叉	20
燃气管道电线明敷（无保护管）	100
熔丝盒、电插座、电源开关	150

6.1.5 直敷布线有关尺寸

直敷布线有关尺寸图例如图 6-1 所示。

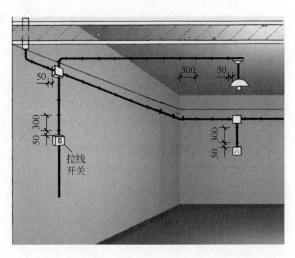

图 6-1　直敷布线有关尺寸（单位：mm）

6.2　设备数据与尺寸

6.2.1　电能计量箱箱体材料

电能计量箱箱体常见材料见表 6-13。

表 6-13　电能计量箱箱体常见材料

表箱种类	安装场所	材料种类	材料厚度/mm
非金属计量箱	户内	阻燃 ABS	3.0～4.0
金属计量箱	户内	冷轧钢板	1.5～2.0
		铝合金板	2.0～2.5
	户外	不锈钢板	1.0～2.0
		铝合金板	2.0～2.5

6.2.2　家装强电箱有关数据

6.2.2.1　基本知识

家装强电箱有关数据见表 6-14。

表 6-14　家装强电箱有关数据

项目	解　说
经济型一房一厅强配电箱断路器的安装	经济型一房一厅强配电电箱可以选择 8 回路的配电箱
经济型二房一厅强电配电箱断路器的安装	经济型二房一厅强电箱可以选择 12 路配电箱。有的经济型二房一厅强电箱的箱体开孔尺寸为 230mm×300mm,盖板尺寸为 250mm×320mm。强电配电箱内部配置的断路器为 3 个 DPN16A 断路器、3 个 DPN20A 断路器、1 个 DPNP25A 断路器、1 个 2P40A 漏电断路器
安逸型二房一厅强电配电箱断路器的安装	安逸型二房一厅强电箱可以选择 12 路配电箱。有的箱体开孔尺寸为 230mm×300mm,盖板尺寸为 250mm×320mm。强电配电箱内部配置的断路器为 3 个 DPN16A 断路器、4 个 DPN20A 断路器、1 个 DPNP25A 断路器、1 个 2P40A 漏电断路器、1 个 2P40A 一体化漏电断路器

续表

项目	解　说
经济型三房一厅强电配电箱断路器的安装	经济型三房一厅强电箱可以选择 12 路配电箱。有的箱体开孔尺寸为 230mm×375mm，盖板尺寸为 250mm×395mm。强电配电箱内部配置的断路为 5 个 DPN16A、6 个 DPN20A、1 个 DPNP25A、1 个 2P63A
安逸型三房一厅强电配电箱断路器的安装	安逸型三房一厅强电箱可以选择 16 路配电箱。有的箱体开孔尺寸为 230mm×375mm，盖板尺寸为 250mm×395mm。强电配电箱内部配置的断路器为 5 个 DPN16A 断路器、5 个 DPN20A 断路器、1 个 DPNP25A 带漏电断路器、1 个 DPN40A 带漏电断路器、1 个 2P63A 断路器
强配电箱的安装位置要求	安装强配电箱箱体前，需要确定强配电箱的安装位置。有的距离地面 35cm 左右，有的距离地面 1.3m、1.8m 左右等不同安装高度。当箱体高 50cm 以下，配电箱垂直度允许偏差 1.5mm。箱体高 50cm 以上，配电箱垂直度允许偏差 3mm。强配电箱多数采用嵌入式安装

6.2.2.2　图例

（1）常用家装强电箱尺寸规格如图 6-2 所示。

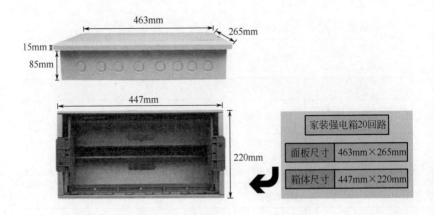

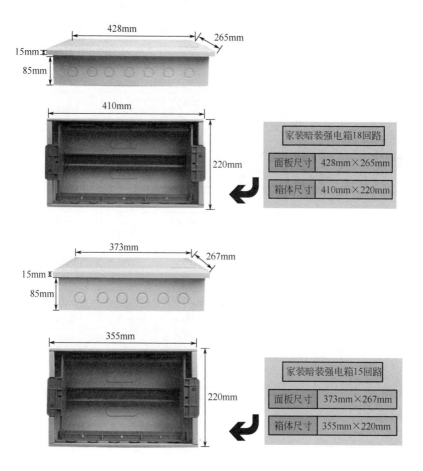

图 6-2　常用家装强电箱尺寸规格

（2）不同的回路，需要选择不同规格的强电配电箱，其参考参数如图 6-3 所示。

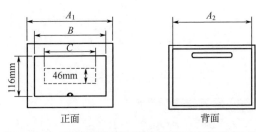

回路数	入墙外形尺寸/mm				备注
	A_2	A_2	B	C	
8回路	242.5	212.5	177.0	141.0	单排
10回路	277.5	247.5	212.0	176.0	单排
13回路	330.0	300.0	264.5	229.0	单排
16回路	382.5	352.5	317.0	282.0	单排
20回路	452.5	422.5	387.0	352.0	单排
23回路	505.0	475.0	439.5	405.0	单排
26回路	330.0	300.0	264.5	229.0	双排
32回路	382.5	352.5	317.0	282.0	双排
40回路	452.5	422.5	387.0	352.0	双排
46回路	505.0	475.0	439.5	405.5	双排

图 6-3 不同的回路，需要选择不同规格的强电配电箱

6.2.3 断路器有关数据与尺寸

6.2.3.1 基本知识

（1）家装单相断路器常用小型断路器，并且常选择照明配电系统（即 C 型）的小型断路器。C 型小型断路器主要用于交流 50Hz/60Hz、额定电压 400V 或者 230V 的线路中。

目前家居有使用 DZ 系列的断路器（空气开关），常见的型号/规格有 C16、C25、C32、C40、C60、C80、C100、C120 等，其中 C 表示脱扣电流，即起跳电流。例如 C16 表示起跳电流为 16 A。一

般安装 6500W 热水器要用 C32 空气开关。一般安装 7500W、8500W
热水器要选择 C40 的空气开关。

（2）断路器有关数据见表 6-15。

表 6-15　断路器有关数据

项　　目	解　　说
家居住户配电箱总断路器的选择	家居住户配电箱总开关一般选择 32～63A 小型断路器或隔离开关
插座回路断路器的选择	选择 16～20A/30mA 的漏电保护器
照明回路断路器的选择	选择 10～16A 小型断路器
空调回路断路器的选择	选择 16～25A 小型断路器
单相断路器额定电流类型	有 6A、10A、16A、20A、25A、32A、40A、50A、63A 等
断路器额定电压类型	额定电压有 230V、400V AC 等
一般家装断路器接线能力	接线能力 $in \leqslant 32A$，一般适用于 $10mm^2$ 接线能力 $in \geqslant 40A$，一般适用于 $25mm^2$
小型断路器安装方式	小型断路器安装方式一般是 35mm 轨宽安装

（3）常用断路器的外形尺寸与参数见表 6-16。

表 6-16　常用断路器的外形尺寸与参数

型号	1P-10A	1P-16A	1P-20A	1P-32A	1P-63A	2P-32A	2P-63A
额定电流/A	10	16	20	32	63	32	63
额定电压/V	230/400	230/400	230/400	230/400	230/400	400	400
额定功率/W	2300	3680	4600	7360	14490	12800	25200
产品尺寸/mm	80×18×75	80×18×75	80×18×75	80×18×75	80×18×75	80×36×75	80×36×75

6.2.3.2　图例

常用断路器的外形尺寸图例如图 6-4 所示。

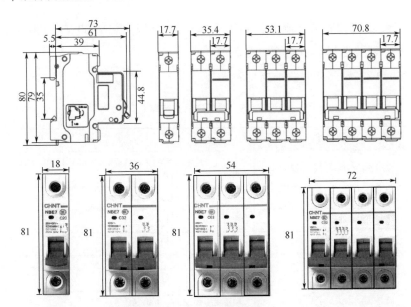

图 6-4　常用断路器的外形尺寸图例（单位：mm）

6.2.4　常见家用电器功率

常见家用电器功率见表 6-17。

表 6-17　常见家用电器功率

家用电器	参考功率/W	家用电器	参考功率/W
电风扇	~100	微波炉	~800
音响	~200	电饭锅	~800
电视机	~200	电熨斗	~800
电冰箱	~200	吸尘器	~1000
电脑	~300	取暖器	~1000
洗衣机	~400	空调	大于1000

6.2.5　浴霸规格与选择

6.2.5.1　基本知识

冬季卫浴间里的浴霸是大家的最爱，因为其可以取暖。如果对浴霸尺寸不了解，则可能会导致安装不了。为此，需要掌握浴霸有关数据尺寸。浴霸有关尺寸见表 6-18。

表 6-18　浴霸有关尺寸

项　　目	解　　说
吸顶浴霸的尺寸	吸顶浴霸主要有两种尺寸：传统四灯灯暖尺寸为 300mm×300mm、集成吊顶用的吸顶浴霸为 600mm×300mm
集成吊顶每一块尺寸	集成吊顶为固定尺寸，每一块有 300mm×300mm、600mm×300mm 等尺寸
4 灯吊顶浴霸外形尺寸	一般大约为 380mm×380mm
2 灯壁挂浴霸尺寸	一般大约为 450mm×210mm×180mm
4 灯浴霸安装尺寸	一般为 300mm×300mm，也有例外的尺寸
红外发热管五合一浴霸尺寸	一般为 600mm×300mm×1700mm
集成吊顶多功能纯平浴霸尺寸	一般为 300mm×300mm×125mm
4 灯三合一负离子浴霸尺寸	一般为 300mm×600mm×150mm
三合一多功能浴霸尺寸	一般为 360mm×360mm×170mm
普通吊顶非集成浴霸尺寸	一般为 370mm×370mm×150mm
三合一组合嵌入式浴霸尺寸	一般为 350mm×350mm×300mm

6.2.5.2　技巧一点通

安装在天板上的浴霸称为吸顶浴霸。有的吸顶浴霸安装时，如果厨卫安装多用长条形的扣板、石膏板等情况，则在安装时需要根据浴霸尺寸裁剪出相应的孔，并且浴霸需要固定在木档上。有的集成吊顶浴霸也可以安装在该种吊顶上，但需要通过一个转换框，将浴霸与木档固定在一起。每一块为 300mm×300mm、600mm×300mm 等尺寸的集成吊顶，安装时不需要裁剪，直接拿掉一块或两块吊顶板就可以安装浴霸。

6.2.6 排气扇尺寸与规格

6.2.6.1 基本知识

（1）一般厕所需要去除味道，保持空气畅通，而安装排风扇是个不错的选择。排风扇的一些尺寸见表6-19。

表6-19 排风扇的一些尺寸

项目	解 说
卫生间普通排风扇的规格	卫生间的排风扇样式多，大小规格也多。一般卫生间排风扇与最普通的抽油风扇基本一样。该类型排风扇开孔尺寸大约为29.5cm×29.5cm，外框尺寸大约为34.5cm×14.3cm×34.5cm
封闭式卫生间排风扇	有的卫生间排风扇是一种封闭式的正方形，其规格一般大约为30.5cm×30.5cm
类似于中央空调形状的卫生间排风扇	一种类似于中央空调形状的卫生间排风扇开孔尺寸大约为20.5cm×20.5cm，面板尺寸大约为25.5cm×25.5cm

（2）常用换气扇安装尺寸与换气扇图例见表6-20。

表6-20 常用换气扇安装尺寸与换气扇图例   单位：mm

项目	安装尺寸		换气扇图例
	叶轮规格	A（不大于）	
开敞式换气扇	100	$\Phi108$	
	150	$\Phi160$	
	200	$\Phi212$	
	250	$\Phi264$	
	300	$\Phi316$	
	350	$\Phi370$	
	400	$\Phi430$	
	450	$\Phi480$	
	500	$\Phi530$	
	注：A对有止口的为止口外径		

续表

项目	安装尺寸		换气扇图例
百叶窗式换气扇	叶轮规格	内侧尺寸 A（不大于）	
	100	150	
	150	200	
	200	250	
	250	300	
	300	350	
	350	400	
	400	450	
	450	500	
	500	550	

内槽尺寸（方形）

6.2.6.2　技巧一点通

实际工程中选择卫生间排风扇的规格可以根据卫生间的大小，通过控制排风扇的出风口直径、定额功率、开孔尺寸、板面尺寸来确定排风扇的规格。

排风扇在生活中主要安装在墙壁上或者窗户上作通风排气用。排气扇基本上可以分为家庭用排风扇、工业用排风扇、特殊用途排风扇。家庭用排气扇的规格很多，外形尺寸多数为 150～500mm。但是一般家庭常用的为 300mm，或者 300mm 以下。工业用排气扇的规格较大，排气扇常用 400mm 以上规格的。

卫生间的换气扇一般设计安装在什么位置，目前没有硬性的规定，但是需要遵守以下原则：

① 可以离马桶近一些，因为排风扇最大的功能就是排出臭气；

② 尽量离出风口近一些，如果过远的距离会增加排风阻力，从

而影响排风效果；

③ 不要离湿区太近，过湿的环境会影响换气扇的寿命。

6.2.7　抽油烟机安装尺寸

6.2.7.1　基本知识

抽油烟机的尺寸数据作用很大，虽然平常生活中可以不需关心抽油烟机的尺寸数据。但是购买抽油烟机时，尺寸数据必须重视。特别是橱柜吊柜是封闭式的，如果抽油烟机尺寸不合适，则会出现因抽油烟机尺寸太大而安装不进去，或者因抽油烟机尺寸太小导致油烟吸净率降低等情况。

抽油烟机有关尺寸数据见表 6-21。

表 6-21　抽油烟机有关尺寸数据

项目	解　说
常见的油烟机规格	常见的油烟机规格有 750mm×394mm×500mm、710mm×560mm×330mm、890mm×52mm×550mm 等
顶吸式油烟机距离灶台的高度	顶吸式油烟机考虑到操作方便性、吸烟效果，其距离灶台的高度一般为 65～75cm
侧吸式油烟机底部距离灶台的距离	侧吸式油烟机底部距离灶台距离一般为 35～45cm
钻孔安装挂板	确定挂板安装位置后，需要用冲击钻在安装位置钻好深度为 5～6cm 的孔（一般的油烟机），然后将膨胀管压入孔内，再用螺钉将挂板可靠地固定
安装排烟管的注意事项	如果排烟到公用烟道，不要将排烟管插入过深，以免导致排烟阻力增大。如果通向室外，则需要使排烟管口伸出 3cm。排烟管不宜太长，最好不要超过 2m，并且尽量减少折弯，避免多个 90° 折弯，以免影响抽油烟的效果

6.2.7.2　图例

油烟机安装图例如图 6-5 所示。

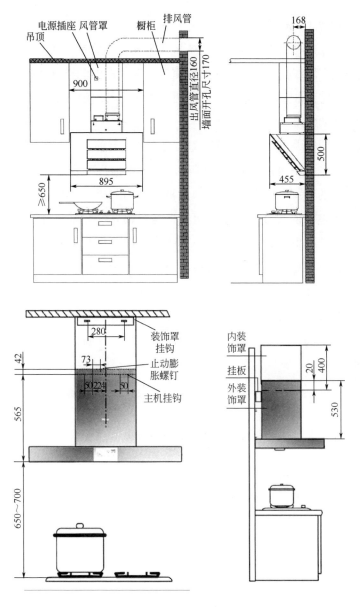

图 6-5   油烟机安装图例（单位：mm）

6.2.7.3 技巧一点通

顶吸式与侧吸式油烟机均需要水平安装在灶具正上方,油烟机的垂直中轴线需要与灶具中心线重叠。在预留油烟机安装位置时,需要考虑到油烟机不能安装在挨近门窗等空气对流强的位置,以免影响吸烟效果。

油烟机大小尺寸选择前,需要考虑到灶台的大小、橱柜类型等。为此,需要先用合适的米尺测量,然后根据尺寸数据大小来考虑油烟机的选择,并且为了使油烟机发挥出效果,往往不宜选择过大或者过小的尺寸。如果橱柜吊柜是封闭式的,则选择油烟机时只能够选择既定的尺寸,而不可随意更改油烟机尺寸。如果是普通的整体橱柜,则可以先用卷尺或者米尺等测量工具测量灶台尺寸大小,然后观察不使用油烟机的情况下,油烟的扩散范围有多大,并且记录好,然后根据记录的油烟扩散范围的数据尺寸来选择抽烟机的尺寸,再判断选择的油烟机尺寸是否合适,整体是否协调。

6.2.8 洗衣机有关数据与尺寸

(1)常见洗衣机尺寸图例如图6-6所示。

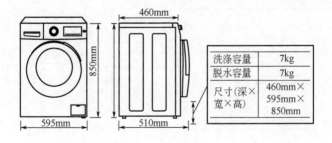

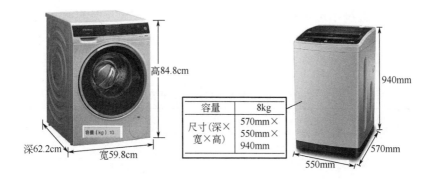

图 6-6　常见洗衣机尺寸图例

（2）洗衣机排水管的要求如图 6-7 所示。

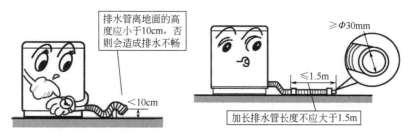

图 6-7　洗衣机排水管的要求

6.2.9　燃气灶规格尺寸与开孔尺寸

6.2.9.1　基本知识

燃气灶的外形尺寸就是灶面的尺寸、面板尺寸、灶外观的大小尺寸。燃气灶开孔尺寸也叫做燃气灶挖孔尺寸、底盘外径尺寸，是灶体的大小尺寸。燃气灶开孔尺寸是灶具安装时的挖孔尺寸，一般比燃气灶外形尺寸要小。由于燃气灶面板尺寸比灶体大，因此以最大尺寸作为外形尺寸。

燃气灶的挖孔尺寸因不同型号的燃气灶会存在一定的差异。单眼灶一般尺寸为 430mm×330mm（面板尺寸），双眼灶尺寸一般为 500～700mm，多眼灶的尺寸更大一些。常见的燃气灶外形尺寸与开孔尺寸见表 6-22。

表 6-22　常见的燃气灶外形尺寸与开孔尺寸　　　单位：mm

外形尺寸	开孔尺寸
748×405×148	680×350
760×460×80	708×388×R80
740×430×140	674×355
720×400	635×350
710×400×165	645×340×R30
720×400×125	635×350

注：燃气灶的开孔尺寸视不同的型号会存在一定的差异性，为此，可以首先确定好燃气灶，然后根据具体的燃气灶确定相关尺寸。

6.2.9.2　图例

（1）某款燃气灶安装图例数据如图 6-8 所示。

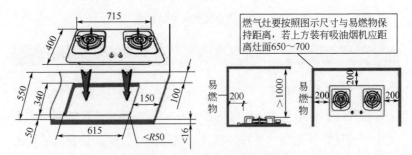

图 6-8　某款燃气灶安装图例数据（单位：mm）

（2）某款燃气热水器安装要求数据如图 6-9 所示。

（3）某款燃气热水器安装要求数据如图 6-10 所示。

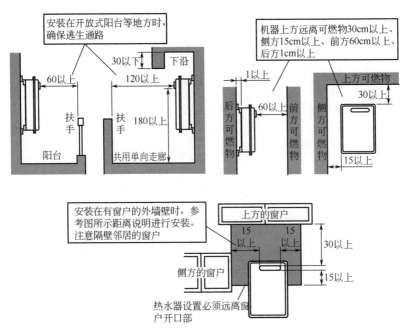

图 6-9　某款燃气热水器安装要求数据（单位：cm）

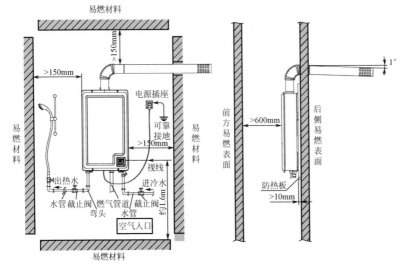

图 6-10

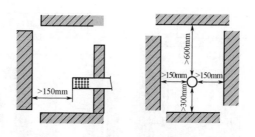

图 6-10　某款燃气热水器安装要求数据

（4）燃气热水器排烟管穿可燃物的间距要求图例见表 6-23。

表 6-23　燃气热水器排烟管穿可燃物的间距要求图例

换气性良好空间	用厚度 20mm 以上非金属阻燃材料包裹时
贯穿部 换气性良好的空间 排烟管 D/2以上 D D/2以上	20mm以上 不接触 D/2以上 排烟管 D 20mm以上 不接触 D/2以上
使用铁制固定板情况	
铁板等（只有单面） 排烟管 D/2以上 D D/2以上	铁板制通气板等（两面） 排烟管 D/2以上 D D/2以上

（5）燃气热水器排烟管的一些附件参数如图 6-11 所示。

6.2.9.3　技巧一点通

　　燃气灶尺寸是相对于嵌入式燃气灶而言，只有嵌入式燃气灶才区分外形尺寸与开孔尺寸。由于嵌入式燃气灶要嵌入橱柜中，需要开孔才能够安装。真实开孔尺寸需要比燃气灶标的开孔尺寸大一点，但是不能够太大，以免燃气灶装上后出现松动现象。

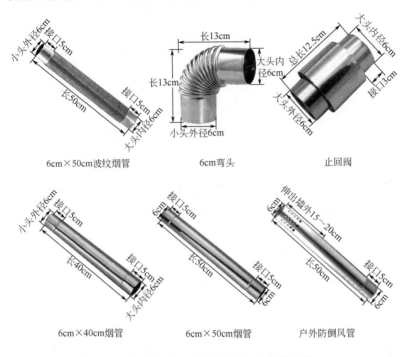

图 6-11 燃气热水器排烟管的一些附件参数

燃气灶与燃气热水器接气胶管内径一般为 Φ9.5mm。如果燃气胶管要穿台面或大橱柜，则开孔一般为 20～25mm。装燃气波纹管台面开孔一般为 25～30mm。

6.2.10 集成灶尺寸与规格

6.2.10.1 基本知识

集成灶的规格尺寸比较多，需要根据不同的厨房选择不同规格尺寸的集成灶。集成灶最大特质为抽油烟效果好，节省了厨房的空间。集成灶的有关尺寸数据见表 6-24。

表 6-24　集成灶的有关尺寸数据

项　目	解　说
集成灶标准规格尺寸（根据长度分）	长度为 550mm、750mm、850mm、900mm、910mm、950mm、1000mm、1050mm 等，也就是一般的集成灶的长度尺寸从 500～1100mm 不等
集成灶深度	深度一般为 550mm 或者 600mm
集成灶高度	一般的集成灶高度为 800～830mm。非标的集成灶高度可以高一些，但是一般不超过 850 mm
单身公寓常用的集成灶长度	单身公寓常用的集成灶长度一般为 550mm
一些旧城改造用的集成灶长度	一些旧城改造用集成灶长度一般选择 750mm 或 850mm
中式厨房选用的集成灶长度	中式厨房选用集成灶长度一般为 900mm 或 910mm
敞开式厨房选用的集成灶长度	敞开式厨房选用集成灶长度一般为 1000mm 或 1050mm

6.2.10.2　图例

某款集成灶尺寸如图 6-12 所示。

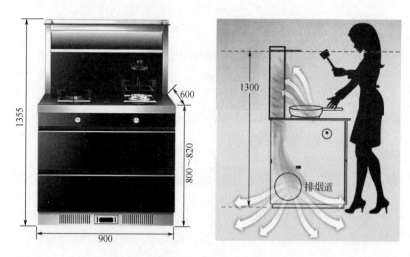

图 6-12　某款集成灶尺寸（单位：mm）

6.2.10.3 技巧一点通

选择集成灶，首先需要根据厨房的面积、形状估算集成灶是不是放得下。注意不是能够摆得下就可以了。集成灶一般需要两边至少留有 200mm 的空间，用来接气源、电源。对于小户型的厨房，尤其是开放式的厨房，集成灶是最好的选择。其可以节省操作位置的顶部空间，自带的消毒柜可以放下一家人的碗筷盘子，空间利用率高。

6.2.11 消毒柜的规格与所需要的净尺寸

消毒柜的规格与所需要的净尺寸见表 6-25。

表 6-25 消毒柜的规格与所需要的净尺寸

项目	尺寸规格
80 升消毒柜需要的尺寸	长度 585mm、高度 580～600mm、宽度 500mm
90 升消毒柜需要的尺寸	长度 585mm、高度 600mm、宽度 500mm
100 升消毒柜需要的尺寸	长度 585mm、高度 620～650mm、宽度 500mm
110 升消毒柜需要的尺寸	长度 585mm、高度 650mm、宽度 500mm

6.2.12 嵌入式消毒碗柜外形尺寸

嵌入式消毒碗柜外形尺寸见表 6-26。

表 6-26 嵌入式消毒碗柜外形尺寸

项目	尺寸规格/mm
80 升嵌入式消毒碗柜外形尺寸	大约 600×580×400（长×高×宽）
90 升嵌入式消毒碗柜外形尺寸	大约 600×620×450（长×高×宽）
100 升嵌入式消毒碗柜外形尺寸	大约 600×650×450（长×高×宽）
110 升嵌入式消毒碗柜外形尺寸	大约 600×650×480（长×高×宽）

6.2.13 电热水器有关数据

6.2.13.1 基本知识

（1）电热水器安装前，需要检查电热水器安装条件是否符合要求。某些电热水器的安装条件见表 6-27。

表 6-27 电热水器的安装条件

产品特性			安装条件				
产品系列	额定电压	功率/kW	电线要求/mm²	电表要求/A		空气开关/A	插座/A
				磁卡电子表	机械表		
即热式	220V/50Hz	5.5	≥2.5	10（40）	≥5（20）	≥25	≥25
		6.5	≥4			≥32	≥32
		7.5				≥40	≥40
		8.5	≥6	15（60）	≥10（40）		
三相电	380V/50Hz	12	≥2.5	3×5（20）	3×5（20）	≥20	≥20
		15				≥25	≥25
		18	≥4	3×10（40）	3×10（40）	≥32	≥32
小厨宝	220V/50Hz	5.5	≥2.5	10（40）	≥5（20）	≥25	≥25
		3	≥1.5			≥16	≥16

（2）电热水器有关数据见表 6-28。

表 6-28 电热水器有关数据

项目	解说
电热水器断开装置的要求	连接外导线时，必须在固定线路中安装一断开装置，并且在断电时，所有触点间距至少为 3mm，以确保安全
连接外导线的要求	≥5500W 的电热水器，连接外导线时不能使用插座进行连接，以防止烧坏电线，应使用专用的接线端子，并且将其螺丝紧锁电线接口
出水管道的要求	为了确保电热水器的使用最佳效果，出水管道最好小于 3m
电热水器的固定要求	保证弯钩螺钉直线段露出长度为 5~10mm，悬挂机器时弯钩部分垂直向上

6.2.13.2 图例

（1）热水器安装高度图例如图 6-13 所示。

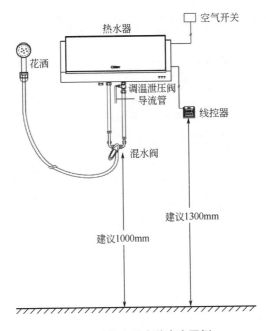

图 6-13 热水器安装高度图例

（2）某些电热水器安装要求有关数据实例如图 6-14 所示。

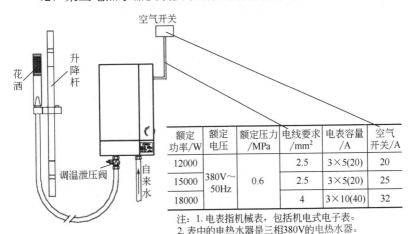

额定功率/W	额定电压	额定压力/MPa	电线要求/mm²	电表容量/A	空气开关/A
12000	380V～50Hz	0.6	2.5	3×5(20)	20
15000			2.5	3×5(20)	25
18000			4	3×10(40)	32

注：1. 电表指机械表，包括机电式电子表。
2. 表中的电热水器是三相380V的电热水器。

图 6-14 某些电热水器安装要求有关数据实例

6.2.14　电视机有关数据与尺寸

6.2.14.1　基本知识

（1）电视机尺寸见表6-29。

表6-29　电视机尺寸

项目	解　说
电视的距离	电视机的大小与空间有关，但是需要考虑观看者到电视机的距离。电视机的屏幕越大所需要的观看距离就越大，电视机屏对角线的长度的 3～4 倍是最佳的观看距离。一般而言： 26in 液晶电视机——1.7m 观看距离 32in 液晶电视机——2m 观看距离 37in 液晶电视机——2.4m 观看距离 40in 液晶电视机——2.5m 观看距离 42in 液晶电视机——2.7m 观看距离 47in 液晶电视机——3m 观看距离 50in 液晶电视机——3.1m 观看距离 55in 液晶电视机——3.5m 观看距离 58in 液晶电视机——3.7m 观看距离 60in 液晶电视机——3.8m 观看距离
根据客厅面积选择电视大小	客厅面积为 25～30m²，则一般选择 44～50in 最理想
液晶电视壁挂的高度	家庭壁挂液晶电视可以保持在 0.9～1.1m。电视机安装的高度范围是电视墙总高度的 1/3～2/5 的位置
卧室电视的选择	卧室电视的健康高度视床的高低来确定的。一般卧室里的电视的高度相对客厅电视的高度要高一些。一般卧室电视柜的高度为 45～55cm。一般卧室选择 30in 左右的液晶电视比较适宜
电视机的宽度要求	电视机宽度一般大约为 1/4 电视墙墙宽

（2）某些电视机尺寸规格见表6-30。

表6-30　某些电视机尺寸规格

液晶电视尺寸/in	长宽比		尺寸/in			尺寸/cm		
	长	宽	对角线	长	宽	对角线	长	宽
14	4	3	14	11.20	8.40	35.56	28.45	21.34
15	4	3	15	12.00	9.00	38.10	30.48	22.86

续表

液晶电视尺寸 /in	长宽比		尺寸/in			尺寸/cm		
	长	宽	对角线	长	宽	对角线	长	宽
17	4	3	17	13.60	10.20	43.18	34.54	25.91
19	4	3	19	15.20	11.40	48.26	38.61	28.96
21	4	3	21	16.80	12.60	53.34	42.67	32.00
25	4	3	25	20.00	15.00	63.50	50.80	38.10
14	16	10	14	11.87	7.42	35.56	30.15	18.85
15	16	10	15	12.72	7.95	38.10	32.31	20.19
17	16	10	17	14.42	9.01	43.18	36.62	22.89
19	16	10	19	16.11	10.07	48.26	40.92	25.58
22	16	10	22	18.66	11.66	55.88	47.39	29.62
24	16	10	24	20.35	12.72	60.96	51.69	32.31
14	16	9	14	12.20	6.86	35.56	30.99	17.43
15	16	9	15	13.07	7.35	38.10	33.21	18.68
17	16	9	17	14.82	8.33	43.18	37.63	21.17
19	16	9	19	16.56	9.31	48.26	42.06	23.66
22	16	9	22	19.17	10.79	55.88	48.70	27.40
25	16	9	25	21.79	12.26	63.50	55.35	31.13
30	16	9	30	26.15	14.71	76.20	66.41	37.36
32	16	9	32	27.89	15.69	81.28	70.84	39.85
37	16	9	37	32.25	18.14	93.98	81.91	46.07
39	16	9	39	33.99	19.12	99.06	86.34	48.57
40	16	9	40	34.86	19.61	101.60	88.55	49.81
42	16	9	42	36.61	20.59	106.68	92.98	52.30
46	16	9	46	40.09	22.55	116.84	101.83	57.28
48	16	9	48	41.84	23.53	121.92	106.26	59.77
49	16	9	49	42.71	24.02	124.46	108.48	61.02
50	16	9	50	43.58	24.51	127.00	110.69	62.26

续表

液晶电视尺寸/in	长宽比		尺寸/in			尺寸/cm		
	长	宽	对角线	长	宽	对角线	长	宽
55	16	9	55	47.94	26.96	139.70	121.76	68.49
60	16	9	60	52.29	29.42	152.40	132.83	74.72
65	16	9	65	56.65	31.87	165.10	143.90	80.94
70	16	9	70	61.01	34.32	177.80	154.97	87.17
80	16	9	80	69.73	39.22	203.20	177.10	99.62

装修时电视机与电视柜的平衡感也需要注意，具体参考见表 6-31。

表 6-31 电视机与电视柜的平衡感参考尺寸配合

电视机/in	电 视 柜
26	电视柜长度大约为 800mm
32	电视柜长度大约为 1200mm
37	电视柜长度大约为 1500mm
46	电视柜长度大约为 1900mm
50	电视柜长度大约为 2300mm

6.2.14.2 图例

（1）电视机与电视柜的平衡感参考尺寸配合如图 6-15 所示。

（2）电视机安装要求数据图例如图 6-16 所示。

6.2.14.3 技巧一点通

电视机尺寸是指电视机屏幕对角线的长度。电视机屏幕尺寸与观看距离的比例关系计算如下：

最大电视尺寸（in）=观看距离（cm）÷3.736

最小电视尺寸（in）=观看距离（cm）÷6.227

　　一般电视柜标准高度是以人坐沙发，眼睛的高度为基准。电视屏幕中心略低于该基准线，以让使用者就坐后的视线正好落在电视屏幕中心为宜。

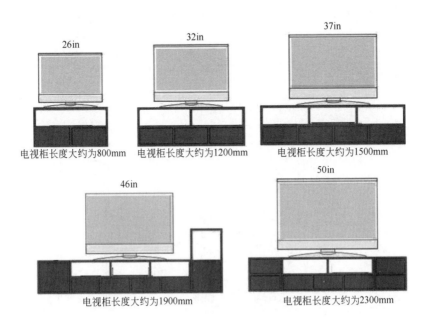

图 6-15　电视机与电视柜的平衡感参考尺寸配合

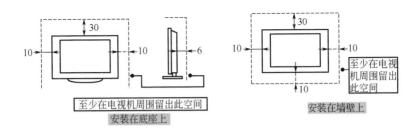

图 6-16　电视机安装要求数据图例（单位：cm）

6.2.14.4 举例

如果沙发座面高为 40cm，座面到眼的高度一般为 66cm，则一共起来是 40+66=106（cm）。该视线高是用来测算电视柜的高度是否符合健康高度的标准。如果没有特殊需要，电视机的中心高度不应超过该高度。

6.2.15 投影机的安装距离

投影机的安装距离图例如图 6-17 所示。

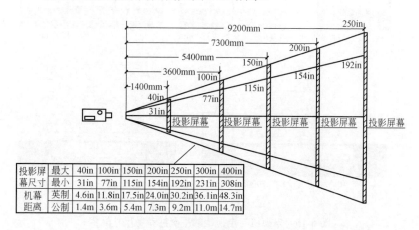

投影屏	最大	40in	100in	150in	200in	250in	300in	400in
幕尺寸	最小	31in	77in	115in	154in	192in	231in	308in
机幕距离	英制	4.6in	11.8in	17.5in	24.0in	30.2in	36.1in	48.3in
	公制	1.4m	3.6m	5.4m	7.3m	9.2m	11.0m	14.7m

图 6-17　投影机的安装距离图例

6.2.16 冰箱有关尺寸

冰箱有关尺寸见表 6-32。

表 6-32　冰箱有关尺寸

项　目	解　说
冰箱前工作区距离	需要 910mm
冰箱两面墙设备最小间距	需要 1210mm

项目	解　说
冰箱两旁预留空间与顶部 预留空间	冰箱如果是在后面散热，两旁需要各留大约 50mm，顶部需要 留 250mm 空间。否则，散热慢将影响冰箱的使用功能

🏔 6.2.17　根据房子面积选择不同功率的壁挂炉

6.2.17.1　基本知识

根据房子面积选择不同功率的壁挂炉的参考方法见表 6-33。

表 6-33　根据房子面积选择不同功率的壁挂炉的参考方法

项目	解　说
建筑面积在 120m² 以内	一般选用额定输出功率为 18kW 的壁挂炉，即一般输入功率大约为 20kW
建筑面积为 120～180m²	一般选用额定输出功率 24kW 的壁挂炉，即一般输入功率大约为 26kW
建筑面积为 180～260m²	一般选用额定输出功率 30kW 的壁挂炉，即一般输入功率大约为 32kW

6.2.17.2　图例

家用燃气/热水壁挂炉安装常见有关数据图例如图 6-18 所示。

6.2.17.3　技巧一点通

燃气壁挂炉的选择，需要考虑房间面积大小与供暖系统类型。如果采用暖气片供暖，则一般只考虑有合适功率的燃气壁挂炉即可。如果采用地暖，则需要选择可以提供地板采暖功能的壁挂炉。

一般每平方米需要的供热功率为 120～180W，同时还需要根据房型、结构、建筑材料的不同有所变化。选择壁挂炉前，测算大致的总体功率，其公式为：房子的建筑面积×65%×150W。一般采暖面积在建筑面积的 60%～70% 之间。

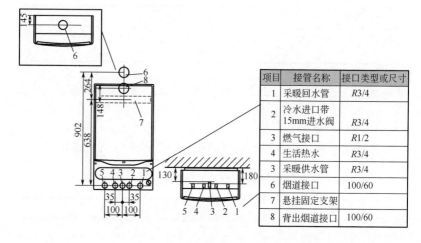

项目	接管名称	接口类型或尺寸
1	采暖回水管	R3/4
2	冷水进口带 15mm进水阀	R3/4
3	燃气接口	R1/2
4	生活热水	R3/4
3	采暖供水管	R3/4
6	烟道接口	100/60
7	悬挂固定支架	
8	背出烟道接口	100/60

最小的维修保养间距

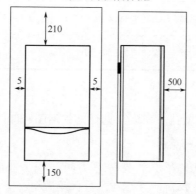

图 6-18　家用燃气/热水壁挂炉安装常见有关数据图例（单位：mm）

6.2.18　空调有关数据与尺寸

6.2.18.1　基本知识

一般家庭装修，常用的定速空调匹数与面积转换关系见表 6-34。

表 6-34   定速空调匹数与面积常用的转换关系

空调匹数	制冷面积/m²	制热面积/m²
1P 冷暖挂机	12~17	10~11
大 1P 冷暖挂机	12~21	13~18
1.5P 冷暖挂机	16~28	17~23
2P 冷暖柜机	23~30	20~22
2.5P 冷暖柜机	28~35	24~28
3P 冷暖柜机	33~42	27~30

6.2.18.2   技巧一点通

由于变频空调并非长时间处于最大制冷状态工作。因此，变频空调不能以空调的最大制冷量来计算。变频空调一般以 145~175W/m² 的制冷量来选择变频空调的匹数。

不同空间空调匹数与面积关系的比较见表 6-35。

表 6-35   不同空间空调匹数与面积关系的比较

匹数	制冷量/W	普通房间/m²	客厅、饭厅/m²	一般办公室/m²
小 1P	2300	10~17	9~14	8~14
1P	2600	12~19	10~16	9~15
小 1.5P	3200	15~23	12~20	11~19
1.5P	3500	16~25	13~22	13~21
小 2P	4600	21~34	17~29	16~27
2P	5100	24~37	19~32	18~30
2.5P	6100	29~45	23~38	22~36
3P	7200	34~53	27~45	26~42

6.2.19 扬声器有关数据与尺寸

6.2.19.1 基本知识

（1）单只扬声器扩音面积

单只扬声器扩音面积见表6-36。

表6-36 单只扬声器扩音面积

型号	规格/W	名称	扩声面积/m²	备注
ZTY-1	3	顶棚扬声器	40～70	吊顶安装
ZTY-2	5	顶棚扬声器	60～110	较高吊顶安装
ZQY	3	球形扬声器	30～60	吊顶、无吊顶安装
	5	球形扬声器	50～100	特殊装饰效果的场合
ZYX-1A	3	音箱	40～70	壁装
ZYX-1	5	音箱	60～110	壁装
ZSZ-1	30	草地扬声器	80～120	室外座装
ZMZ-1	20	草地扬声器	60～100	室外座装

注：扬声器安装高度在3m以内。

（2）面积与扬声器功率的匹配

面积与扬声器功率的匹配见表6-37。

表6-37 面积与扬声器功率的匹配

扩声面积/m²	扬声器功率/W	功放标称功率/W
500	35～40	≥40
1000	70～80	≥80
2000	120～150	≥150
5000	250～350	≥350
10000	500～700	≥700

6.2.19.2　图例

一般天花板高度为 3～4m，扬声器间距为 6～8m，覆盖面积达 30～50m^2。常见的吸顶扬声器图例如图 6-19 所示。

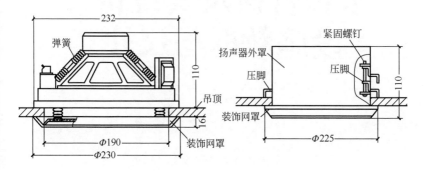

图 6-19　常见的吸顶扬声器图例（单位：mm）

第 7 章
水暖管材及其设备、
设施数据与尺寸

7.1 水暖管材数据与尺寸

7.1.1 PPR 进户管管径的应用

（1）所有户内管道一般是从水表后开始采用 PPR 管，其中进户管管径要求见表 7-1。

表 7-1　进户管管径要求　　　　　单位：mm

户型	冷水管		热水管		热水回水管	
	入户管	水表	入户管	水表	入户管	水表
一厨一卫	De25	DN15	De25	DN15	De20	DN15
一厨二卫	De32	DN20	De32	DN20	De20	DN15

续表

户型	冷水管		热水管		热水回水管	
	入户管	水表	入户管	水表	入户管	水表
一厨三卫	*De*40	*DN*20	*De*40	*DN*20	*De*20	*DN*15
一厨四卫	*De*40	*DN*20	*De*40	*DN*20	*De*20	*DN*15

（2）PPR 管管径尺寸如图 7-1 所示。

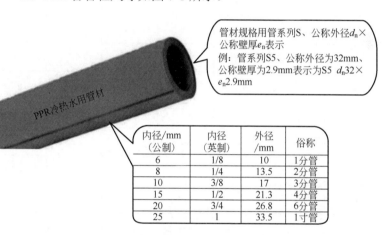

管材规格用管系列S、公称外径d_n×公称壁厚e_n表示
例：管系列S5、公称外径为32mm、公称壁厚为2.9mm表示为S5 d_n32×e_n2.9mm

PPR冷热水用管材

内径/mm（公制）	内径（英制）	外径/mm	俗称
6	1/8	10	1分管
8	1/4	13.5	2分管
10	3/8	17	3分管
15	1/2	21.3	4分管
20	3/4	26.8	6分管
25	1	33.5	1寸管

图 7-1　PPR 管管径尺寸

（3）PPR 管管系列 S 的选择见表 7-2。

表 7-2　PPR 管管系列 S 的选择

设计压力/MPa	管系列S			
	级别 1 σ_d=3.09MPa	级别 2 σ_d=2.13MPa	级别 4 σ_d=3.30MPa	级别 5 σ_d=1.90MPa
0.4	5	5	5	4
0.6	5	3.2	5	3.2
0.8	3.2	2.5	4	2
1.0	2.5	2	3.2	—

注：σ_d为设计应力。

（4）PPR 管的规格与尺寸见表 7-3。

表 7-3　PPR 管的规格与尺寸　　　单位：mm

公称外径 d_n	外径偏差	管系列				
		S5	S4	S3.2	S2.5	S2
		管材公称壁厚 e_n				
20	+0.3 0	—	2.3	2.8	3.4	4.1
25	+0.3 0	2.3	2.8	3.5	4.2	5.1
32	+0.3 0	2.9	3.6	4.4	5.4	6.5
40	+0.4 0	3.7	4.5	5.5	6.7	8.1
50	+0.5 0	4.6	5.6	6.9	8.3	10.1
63	+0.6 0	5.8	7.1	8.6	10.5	12.7
75	+0.7 0	6.8	8.4	10.3	12.5	15.1
90	+0.9 0	8.2	10.1	12.3	15.0	18.1
110	+1.0 0	10.0	12.3	15.1	18.3	22.1

7.1.2　PPR 管附件的数据与尺寸

7.1.2.1　基本知识

PPR 内丝弯头规格见表 7-4。

表 7-4　PPR 内丝弯头规格

品名	规格	说　明
内丝弯头	L20×1/2F	与 20mm 外径的 PPR 管热熔连接，4 分内螺纹
	L25×1/2F	与 25mm 外径的 PPR 管热熔连接，4 分内螺纹
	L25×3/4F	与 25mm 外径的 PPR 管热熔连接，6 分内螺纹
	L32×1″F	与 32mm 外径的 PPR 管热熔连接，1in 内螺纹

注：L 表示弯头，F 表示内螺纹。

7.1.2.2　图例

常用 PPR 管附件的数据尺寸图例如图 7-2 所示。

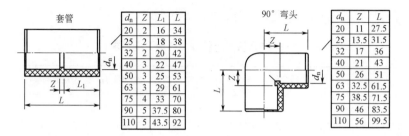

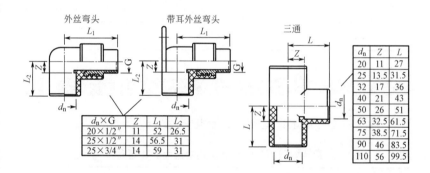

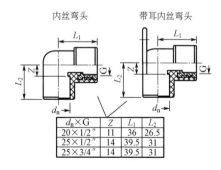

图 7-2　常用 PPR 管附件的数据尺寸图例（单位：mm）

7.1.3 PPR 管熔接的相关数据

PPR 管的连接，一般是采用熔接机加热管材与管件，其中 PPR 管材与管件的热熔深度需要符合表 7-5 的要求。

表 7-5 　PPR 管材与管件的热熔深度要求

公称外径/mm	热熔深度/mm	加热时间/s	加工时间/s	冷却时间/min
20	14	5	4	2
25	15	7	4	2
32	16.5	8	6	4
40	18	12	6	4

7.1.4 聚丙烯管冷热水管道支架的最大安装距离

聚丙烯管冷热水管道支架的最大安装距离见表 7-6。

表 7-6 　聚丙烯管冷热水管道支架的最大安装距离　　　单位：mm

条件	管径（外径）	20	25	32	40
冷水	水平管	650	800	950	1100
	立管	1000	1200	1500	1700
热水	水平管	500	600	700	800
	立管	900	1000	1200	1400

7.1.5 冷热水用聚丙烯管道热熔承插连接管件承口尺寸

冷热水用聚丙烯管道热熔承插连接管件承口尺寸见表 7-7。

表 7-7 冷热水用聚丙烯管道热熔承插连接管件承口尺寸 单位：mm

| 公称外径 d_n | 承口的平均内径 | | | | 最大不圆度 | 最小通径 D | 承口深度 $L_{1,min}$ | 承插深度 $L_{2,min}$ |
| | 口部 d_{sm1} | | 根部 d_{sm2} | | | | | |
	最小	最大	最小	最大				
16	15.0	15.5	14.8	15.3	0.4	9	13.3	9.8
20	19.0	19.5	18.8	19.3	0.4	13	14.5	11.0
25	23.8	24.4	23.5	24.1	0.4	18	16.0	12.5
32	30.7	31.3	30.4	31.0	0.5	25	18.1	14.6
40	38.7	39.3	38.3	38.9	0.5	31	20.5	17.0
50	48.7	49.3	48.3	48.9	0.6	39	23.5	20.0
63	61.6	62.2	61.1	61.7	0.6	49	27.4	23.9
75	73.2	74.0	71.9	72.7	1.0	58.2	31.0	27.5
90	87.8	88.8	86.4	87.4	1.0	69.8	35.5	32.0
110	107.3	108.5	105.8	106.8	1.0	85.4	41.5	38.0
125	122.4	124.6	121.5	123.0	1.2	99.7	46.5	43.0

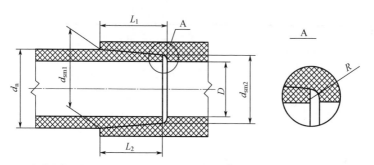

d_n—与管件相连的管材的公称外径； L_1—承口深度；
d_{sm1}—承口口部平均内径； L_2—承插深度；
d_{sm2}—承口根部平均内径； R—允许的最大根半径
D—最小通径；

注：此处的公称外径 d_n 指与管件相连的管材的公称外径。

7.1.6 PVC-U 排水管的规格与 PVC-U 伸缩节最大允许伸缩量

（1）PVC-U 排水管的规格

PVC-U 排水管的规格见表 7-8。

表 7-8　PVC-U 排水管的规格　　　　单位：mm

公称外径 DN	平均外径极限偏差	壁厚	
		基本尺寸	极限偏差
40	+0.3 0	2.0	+0.4 0
50	+0.3 0	2.0	+0.4 0
75	+0.3 0	2.3	+0.4 0
90	+0.3 0	3.2	+0.6 0
110	+0.4 0	3.2	+0.6 0
125	+0.4 0	3.2	+0.6 0
160	+0.5 0	4.0	+0.6 0

（2）PVC-U 伸缩节最大允许伸缩量

PVC-U 伸缩节最大允许伸缩量图例如图 7-3 所示。

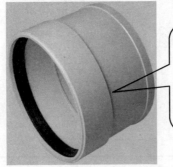

硬聚氯乙烯管的线胀性较大，受温度变化产生的伸缩量较大，因此，排水立管安装中，往往需要装伸缩节。

伸缩节量大允许伸缩量　　单位：mm

外径	50	75	110	160
最大允许伸缩量	12	12	12	15

图 7-3　PVC-U 伸缩节最大允许伸缩量图例

7.1.7　地漏规格尺寸

（1）地漏有关数据与尺寸见表 7-9。

表 7-9　地漏有关数据与尺寸

项目	解　说
超薄地漏的尺寸	方形面板——大约为 10cm×10cm 深度——面板厚度大约为 1.5cm，地漏芯长度大约为 2.5cm，地漏整体深度大约为 4cm 管径——40 管（内径 4cm）即可 超薄地漏一般用在老房子的改造，因为老房子里有很多是使用 40 管。现在新房子的下水管一般是 50 管
磁力自动防臭地漏的尺寸	方形面板——大约为 10cm×10cm 深度——从瓷砖到下水管管道弯头处大约为 8cm 管径——50 管（内径 5cm）即可，稍细点的管子也行，但是最少要超过 4.5cm
深水封地漏的尺寸	方形面板——大约为 10cm×10cm 深度——为 12～14cm，不同品牌的地漏深度尺寸不同，有差异 管径——50 管（内径 5cm）即可，稍细点的管子也行，但是应超过 4.5cm
卫生间地漏尺寸	卫生间地漏尺寸一般有 90mm×90mm、100mm×100mm、110mm×110mm、120mm×120mm 或更大尺寸的。下水管基本是 50mm 的

（2）地漏规格代号见表 7-10。

表 7-10　地漏规格代号　　　　　　　单位：mm

地漏规格代号	A	B	C	D	E	F
排出口公称直径 DN	30＜DN≤40	40＜DN≤50	50＜DN≤75	75＜DN≤100	100＜DN≤125	125＜DN≤150

（3）地漏本体构造最小壁厚见表 7-11。

表 7-11　地漏本体构造最小壁厚　　　单位：mm

地漏规格代号	铸铁	ABS	PVC-U	铜合金	锌合金	不锈钢
A	4.5	2.5	2.5	1.2	1.2	0.8
B	4.5	2.5	2.5	1.2	1.2	0.8
C	5.0	2.5	2.5	1.5	1.5	0.8
D	5.0	3.0	3.0	2.0	2.0	1.0
E	5.5	3.5	3.5	2.5	2.5	1.2
F	5.5	4.0	4.0	3.0	2.5	1.5

（4）地漏排水流量见表 7-12。

表 7-12　地漏排水流量　　　单位：L/s

地漏规格代号	用于卫生器具排水	用于地面排水	多通道地漏排水
A	0.15～1.0	—	—
B	0.15～1.0	0.50～1.0	≥1.0
C	0.40～1.0	1.0～1.7	≥1.7
D	≥1.0	1.5～3.8	≥3.8
E	—	2.0～5.0	≥5.0
F	—	3.5～7.0	≥7.0

7.2　设备设施数据与尺寸

7.2.1　卫生陶瓷设备尺寸允许偏差

7.2.1.1　基本知识

卫生陶瓷设备尺寸允许偏差见表 7-13。

表 7-13　卫生陶瓷设备尺寸允许偏差　　　　单位：mm

尺寸类型	尺寸范围	允许偏差
外形尺寸	—	规格尺寸×（±3%）
孔眼直径	$\Phi \leqslant 30$	±2
	$30 < \Phi \leqslant 80$	±3
	$\Phi > 80$	±5
孔眼距边	≤300	±9
	>300	规格尺寸×（±3%）
安装孔平面度	—	2
下排式坐便器排污口安装距	—	0 −30
落地式后排坐便器排污口安装距	—	+15 −10
孔眼圆度	$\Phi \leqslant 70$	2
	$70 < \Phi \leqslant 100$	4
	$\Phi > 100$	5
孔眼中心距	≤100	±3
	>100	规格尺寸×（±3%）
孔眼距产品中心线偏移	≤100	3
	>100	规格尺寸×3%

7.2.1.2　图例

（1）面盆、净身器与水槽排水口尺寸图例如图 7-4 所示。

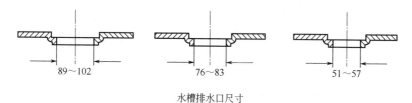

水槽排水口尺寸

图 7-4

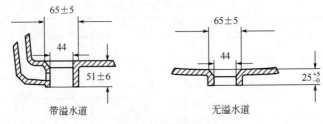

带溢水道   无溢水道

洗面器和净身器排水口尺寸

图 7-4　面盆、净身器与水槽排水口尺寸图例（单位：mm）

（2）面盆、净身器供水配件安装孔与安装面尺寸图例如图 7-5 所示。

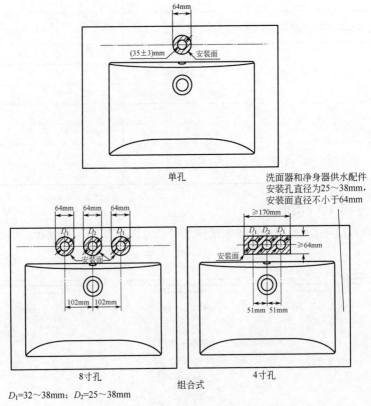

单孔

洗面器和净身器供水配件
安装孔直径为25～38mm，
安装面直径不小于64mm

8寸孔   4寸孔

组合式

D_1=32～38mm；D_2=25～38mm

图 7-5　面盆、净身器供水配件安装孔与安装面尺寸图例

7.2.2　污水池规格尺寸与安装数据

（1）常用污水池规格尺寸如图 7-6 所示。

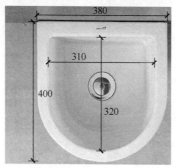

图 7-6　常用污水池规格尺寸（单位：mm）

（2）污水池安装图例数据如图 7-7 所示。

7.2.3　面盆有关数据与尺寸

7.2.3.1　基本知识

（1）面盆是用来洗漱的一种产品，是现代家居生活中不可或缺的产品。目前卫浴洁具市场上的面盆尺寸丰富。为此，应根据具体需求挑选相应规格面盆。面盆尺寸是非常重要的一项参数，特别台

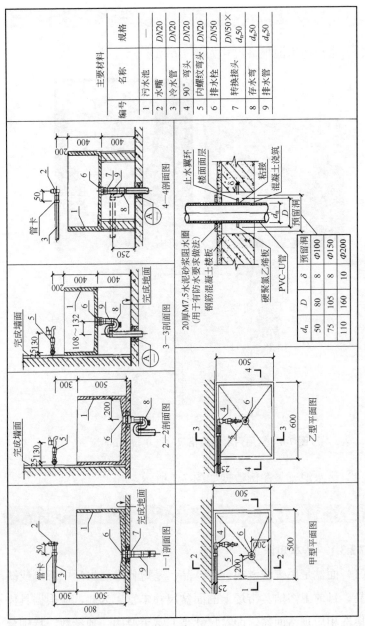

图 7-7 污水池安装图例数据

下盆、挂盆购买时必须清楚面盆尺寸。否则会因尺寸存在差异，无法在浴室柜上面安装。台上盆的尺寸相比而言一般不是太重要，但是尺寸也不能够太离谱，否则也会影响使用和安装效果。

（2）面盆尺寸见表 7-14。

表 7-14　面盆尺寸　　　　单位：mm

项目	解　说
台上盆的尺寸	台上盆的尺寸有（长×宽×高）400×150×240、536×438×192、590×400×150、540×380×180、475×375×130、410×330×145、430×375×190、475×390×195、515×420×195、560×425×195、560×430×200、510×400×200、460×380×190、530×350×165（以上台盆尺寸包括圆形台盆、椭圆形台盆、方形台盆、不规则形台上盆的尺寸）
半嵌入式台盆的尺寸	半嵌入式台盆的尺寸有（长×宽×高）600×460×185、600×380×210、430×430×150、435×435×155（以上包括圆形、椭圆形、方形、不规则形台上盆的尺寸）
挂墙式台盆的尺寸	挂墙式台盆的尺寸有（长×宽×高）500×430×450、420×280×150、420×280×150、460×320×150、800×460×450（以上包括圆形、椭圆形、方形、不规则形台上盆的尺寸）
常用的台下盆或挂式面盆尺寸	（1）500×430×450（长×宽×高）——该尺寸面盆一般是挂盆常用的尺寸。其适合现代的小户型家居使用，比较节省空间 （2）610×470×65（长×宽×高）——该尺寸面盆是超薄台下盆常用的尺寸，该面盆尺寸的产品一般都具有时尚的外形 （3）600×450×185（长×宽×高）——该尺寸面盆是比较传统的台下式面盆的常用尺寸 （4）另外还有 608×519×202、607×409×213、711×483×200、627×491×200 等面盆尺寸

（3）台盆尺寸与偏差见表 7-15。

表 7-15　台盆尺寸与偏差　　　　单位：mm

台　盆		规格	允许偏差
外形尺寸	不锈钢	≤2000	±2
	人造石	≤1000	±5

续表

台　盆		规格	允许偏差
外形尺寸	玻璃	≤1000	±2
	玻璃纤维增强塑料	≤1000	+5 −10
	铸铁搪瓷	≤1000	+5 −10
	其他	≤1000	+5 −10
进水孔孔间距		102	±2
		152	±2
		204	±2
排水孔孔径			+2
			0

7.2.3.2　图例

（1）常见面盆尺寸如图 7-8 所示。

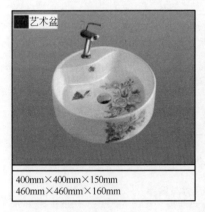 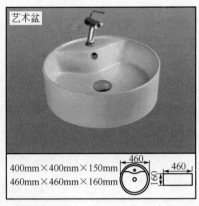

图 7-8　常见面盆尺寸

（2）面盆的安装图例如图 7-9 所示。

台上式洗脸盆尺寸表/mm						
尺寸 型式	A	B	C	b	E	E_1
Ⅰ型	508	432	204	67	235	200
Ⅱ型	594	480	200	38	258	225
Ⅲ型	600	480	166	20	235	185

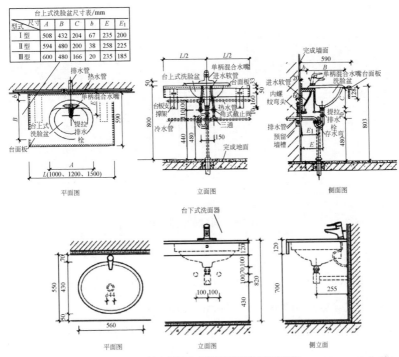

平面图　　立面图　　侧面图

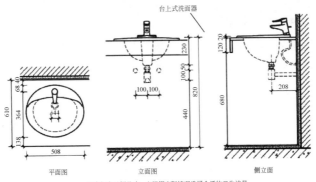

图中仅为示例尺寸，应根据实际情况选择合适的卫生洁具

平面图　　立面图　　侧立面

图中仅为示例尺寸，应根据实际情况选择合适的卫生洁具

图 7-9

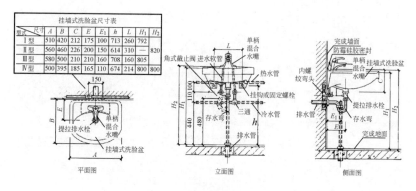

图 7-9　面盆的安装图例

7.2.3.3　技巧一点通

选择应用面盆时，面盆尺寸大小合适就好，不一定追求豪华大气。一般家庭用 430mm×430mm×170mm 比较常见。但是，选购时必须清楚安装面盆洗手间空间盈余与风格再确定面盆大小。

7.2.4　水槽规格尺寸

7.2.4.1　基本知识

水槽是常见的厨房设备，每个水槽都有一定的尺寸。选择购买水槽时需要选择合适尺寸的水槽才能够适合安装，否则安装不了或者需要更换合适的水槽，或者需要重新做一个合适的橱柜台面才能够安装。可见，水槽尺寸的重要性。水槽规格尺寸见表 7-16。

表 7-16　水槽规格尺寸

项目	解　　说
厨房双水槽长度	一般长 750～900mm，800～850mm
厨房双水槽深度	一般深度 400～550mm，其中 430～480mm 的比较常见

续表

项目	解　说
单槽	常见尺寸大约为 600mm×450mm、500mm×400mm 等
单槽不锈钢水槽	大约为 600mm×450mm、500mm×400mm 等
双槽不锈钢水槽	大约为 880mm×480mm、810mm×470mm
三槽不锈钢水槽	大约为 970mm×480mm、1030mm×500mm
水槽标准尺寸	水槽标准尺寸有 800mm×450mm、500mm×450mm 等。比较大的双盆大约为 920mm×460mm，单盆大约为 500mm×450mm

7.2.4.2　图例

常用水槽尺寸如图 7-10 所示。

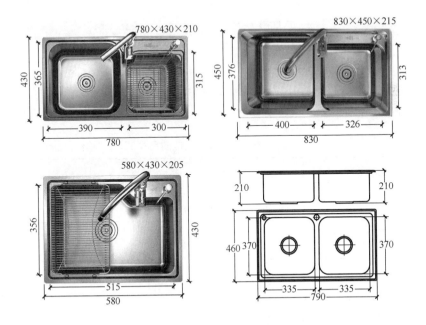

图 7-10　常用水槽尺寸（单位：mm）

7.2.4.3　技巧一点通

水槽尺寸其实可以分为水槽总体尺寸、水槽开孔尺寸。水槽总体尺寸是指整个水槽的尺寸。开孔尺寸是指水槽槽盆的尺寸。一般情况下，水槽都会标明总体的尺寸与开孔的尺寸。但是也有些情况只是标出一个尺寸。一般情况下只标出一个尺寸的，该尺寸往往是指开孔尺寸。

水槽有不同的尺寸，而不同的家庭厨房的空间是不同的。有的家庭厨房空间可能比较大，有的可能比较小。因此，需要根据具体的情况来选择合适尺寸大小的水槽。

应用水槽时，最好在做橱柜前就选好水槽，这样橱柜商家会根据提供的水槽开槽，避免了水槽尺寸带来的麻烦。

7.2.5　双人浴缸规格尺寸

7.2.5.1　基本知识

双人浴缸的尺寸规格一般是单人浴缸的两倍。双人浴缸的尺寸见表 7-17。

表 7-17　双人浴缸的尺寸　　　　单位：mm

项目	解　说
常见双人浴缸的尺寸	1860×1400×780、1800×1200×740、1700×1100×680、800×1500×700、1800×1800×580 等
常见的双人浴缸长宽高大概范围	长（1700～2000）×宽（1100～1800）×高（580～800）

7.2.5.2　图例

浴缸安装图例如图 7-11 所示。

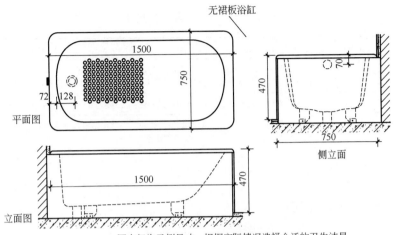

图中仅为示例尺寸，根据实际情况选择合适的卫生洁具

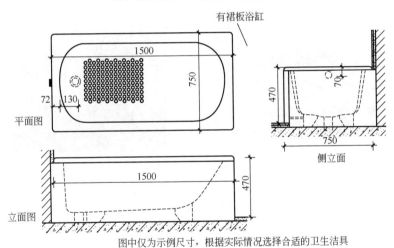

图中仅为示例尺寸，根据实际情况选择合适的卫生洁具

图 7-11　浴缸安装图例（单位：mm）

7.2.6　常见木桶浴缸尺寸

7.2.6.1　基本知识

常见木桶浴缸尺寸见表 7-18。

表 7-18　常见木桶浴缸尺寸

项目	解　说
方形浴缸的长度	一般为 0.9m、1.0m、1.4m、1.3m、12m、1.5m、1.6 m、1.7 m、1.8 m、1.9 m，其中 1.7 m 的长度符合大多数中国人的身高。另外，还有定制长度
方形浴缸的高度	方形木桶浴缸的高度以 0.7 m 的为常见的，一般为 0.65～0.75m
椭圆形浴缸尺寸	椭圆形浴缸尺寸与方形的差不多。另外，椭圆形浴缸尺寸有一种长度小于 1.4 m 的浴缸，高度比较高，类似浴桶
圆形木桶浴缸尺寸	圆形浴缸一般比较大，直径为 0.7～1.8m 居多。常见的直径有 0.7m、0.8m，高度有 0.6～0.9m。另外，还有定制长度

7.2.6.2　图例

常见木桶浴缸尺寸图例如图 7-12 所示。

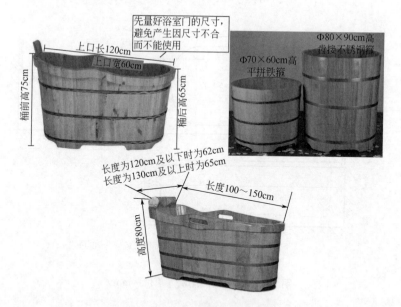

图 7-12　常见木桶浴缸尺寸图例

7.2.6.3　技巧一点通

圆形浴缸耗水量比较大，占用面积也比较大，多数用于别墅中。

三角形的浴缸一般用得比较少。其他一些不规则形状的浴缸，主要用于大型浴室里，普通家庭用得少。

7.2.7　淋浴房尺寸与类型

7.2.7.1　基本知识

淋浴房不同于其他家用电器、设备。其一般是根据客户卫生间的大小、规格进行非标定做，相应的淋浴房尺寸也就没有统一套用的模式。

淋浴房有关尺寸见表 7-19。

表 7-19　淋浴房有关尺寸

项目	解　说
有铝材边框淋浴屏风宽度	一般最小可以做成大约 1000mm 宽
无铝材边框的淋浴屏风宽度	无铝材边框的淋浴屏风宽度容易非标定做。例如单门时，最小可以做到大约 500mm，只要具有人进去的空间，无铝材边框的淋浴屏风都能够做到
淋浴房的标准高度	由于现代家居装修中，一般吊顶的高度大约为 2.4m。因此，淋浴房的标准高度大约为 1.95m、1.9m
标准的钻石形淋浴房尺寸	淋浴房尺寸除了高度外，其余尺寸与其形状有关，其中标准的钻石形淋浴房尺寸有：900mm×900mm、900mm×1200mm、1000mm×1000mm、1200mm×1200mm 等
标准的方形淋浴房尺寸	标准的方形淋浴房尺寸有 800mm×1000mm、900mm×1000mm、1000mm×1000mm 等
标准的弧扇形淋浴房尺寸	标准的弧扇形淋浴房尺寸有 900mm×900mm、900mm×1000mm、900mm×1200mm、1000mm×1000mm、1000mm×1300mm、1000mm×1100mm、1200mm×1200mm 等
长方形淋浴房尺寸	装屏风长方形淋浴房标准尺寸宽度在 1000～1600mm 之间，如果要更宽的话，则增加不锈钢或铝材的宽度、厚度，高度在 1600～2200mm 之间
扇形淋浴房尺寸（成年人使用的）	一般尺寸为 900mm×900mm。如果不考虑舒适度，扇形淋浴房最小尺寸可做到 800mm×800mm。如果再小就无法使用了

项目	解　说
淋浴房宽度	淋浴房宽度要保证使用时身体可以自由转动，不会总撞到玻璃。一般以90cm×90cm为宜。如果身材比较胖，则可以做成100cm×100cm，或者卫浴间空间有限做成85cm×85cm，但是最好不要小于80cm
淋浴房高度	如果吊顶高度为2.4m，则淋浴房高度大多为180～200cm。也可以根据业主身高、实际空间等情况进行调整。另外，还需要注意与淋浴器的位置
淋浴房与其他洁具间的距离	卫浴间常摆放紧凑，淋浴房旁常会有浴缸、马桶、浴室柜等，为此需要留有10cm左右的间距，以免使用时相互影响

7.2.7.2　图例

淋浴房安装图例如图7-13所示。

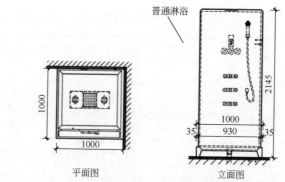

平面图　　立面图

图中仅为示例尺寸，根据实际情况选择合适的

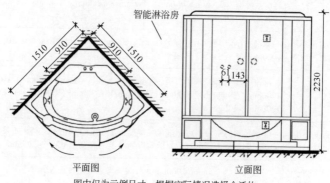

平面图　　立面图

图中仅为示例尺寸，根据实际情况选择合适的

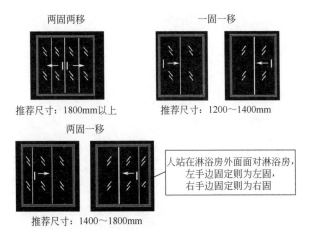

两固两移
推荐尺寸：1800mm以上

一固一移
推荐尺寸：1200～1400mm

两固一移
推荐尺寸：1400～1800mm

人站在淋浴房外面面对淋浴房，
左手边固定则为左固，
右手边固定则为右固

图 7-13　淋浴房安装图例（单位：mm）

7.2.7.3　技巧一点通

淋浴房尺寸从理论上说是可以根据尺寸比例做到无限大小的，但是实际情况不是这样的。实际中，淋浴房尺寸受到卫生间空间限制，以及其他卫浴洁具所需要空间的影响。

为了冬天洗浴时方便，一般会给卫生间装个暖风器或浴霸。如果是侧挂设备，则最好不要放在淋浴房内或靠近淋浴房玻璃处，以防受潮。如果是挂在顶上的，则要根据卫浴间大小来决定：小空间里的取暖设备可以放在中间，不一定非要放在淋浴区。如果空间比较大，则可以把暖风器或浴霸放在淋浴区中间，尽量不要正对花洒、淋浴房玻璃，以免引起产品老化或自爆。

7.2.8　浴帘、浴帘杆尺寸与选择

7.2.8.1　基本知识

（1）浴帘是一个悬挂在带淋浴喷头的浴缸外面，或者淋浴范围的窗帘状物品。浴帘主要用于防止淋浴的水花飞溅到淋浴外的地方，

以及为淋浴的人起遮挡作用。

浴帘杆可以分为免工具型、螺丝固定型，也可以分为伸缩杆、组合杆。

对于小户型而言，浴帘还可以起到隔断作用。浴帘与浴帘杆有关尺寸见表7-20。

表 7-20　浴帘与浴帘杆有关尺寸

项目	解　说
浴帘高度	以 180～200cm 的居多
浴帘下摆的离地高度	浴帘下摆的离地高度一般为 1～2cm
浴帘常规尺寸	国际上浴帘常规尺寸为 180cm×180cm（美洲惯用尺寸）、180cm×200cm（欧洲惯用尺寸）
螺丝固定型浴帘杆	螺丝固定型浴帘杆一般可组成的尺寸为 90cm×90cm×90cm（U型）、90cm×170cm（L型）
浴帘厚度	一般的浴帘厚度为 0.1～0.15mm

（2）常用浴帘尺寸规格见表7-21。

表 7-21　常用浴帘尺寸规格　　　　单位：cm

尺寸	无伸缩杆	伸缩杆尺寸选择
80×180	×	伸缩杆 70～120
100×200	×	
120×200	×	
150×200	×	
180×200	×	伸缩杆 110～200
100×180	×	
120×180	×	
150×180	×	
180×180	×	

续表

尺寸	无伸缩杆	伸缩杆尺寸选择
200×180	×	伸缩杆 130～240
220×200	×	
240×200	×	

（3）常用浴帘杆规格特点见表 7-22。

表 7-22　常用浴帘杆规格特点

浴帘杆规格	说明	适用于
0.8 杆	指 0.5～0.8m 的产品尺寸	适用于 0.5～0.75m 之间的墙面
1.2 杆	指 0.7～1.2m 的产品尺寸	适用于 0.7～1.1m 之间的墙面
1.6 杆	指 0.9～1.6m 的产品尺寸	适用于 0.9～1.5m 之间的墙面
2.0 杆	指 1.1～2.0m 的产品尺寸	适用于 1.1～1.7m 之间的墙面
2.4 杆	指 1.3～2.4m 的产品尺寸	适用于 1.3～1.9m 之间的墙面
3.0 杆	指 1.6～3.0m 的产品尺寸	适用于 1.6～2.6m 之间的墙面

7.2.8.2　技巧一点通

市面上的浴帘所标尺寸一般为宽度×高度。浴帘的宽度要比浴室宽度宽。例如浴室或浴缸宽度为 160cm，则需要购买 180cm 宽的浴帘。浴帘下摆最好别拖地，容易蹭脏，以及出现脚踩浴帘撕坏等现象。浴帘面料厚薄也不是越厚越好，太厚会影响浴帘的透气性和防水性。

7.2.9　小便斗尺寸

7.2.9.1　基本知识

小便斗是男士专用的一种便器，其是装在卫生间墙上的一种固定物。小便斗一般由黏土或其他无机物质经混炼、成型、高温烧制而成。小便斗根据结构分为冲落式小便斗、虹吸式小便斗。根据安装方式分为斗式小便斗、落地式小便斗、壁挂式小便斗。 根据水量分为普通型小便斗、节水型小便斗。

小便斗多用于公共建筑的卫生间。现在有的家庭卫浴间也装有小便斗。小便斗有关尺寸见表 7-23。

表 7-23　小便斗有关尺寸

项　　目	解　说
用冲洗阀的小便器进水口中心到完成墙的距离	应不小于 60mm
所有带整体存水弯卫生陶瓷（小便斗）的水封深度	不得小于 50mm
小便斗任何部位的坯体厚度	应不小于 6mm

7.2.9.2　图例

小便斗安装图例如图 7-14 所示。

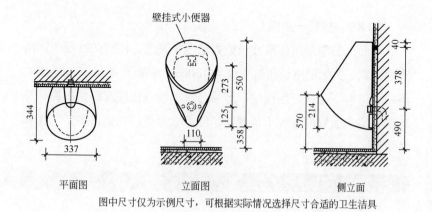

壁挂式小便器

平面图　　　　立面图　　　　侧立面
图中尺寸仅为示例尺寸，可根据实际情况选择尺寸合适的卫生洁具

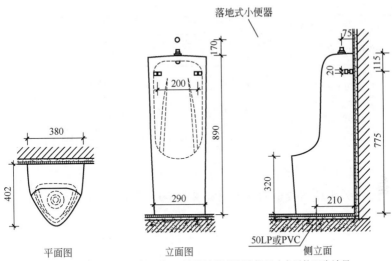

图中尺寸仅为示例尺寸，可根据实际情况选择尺寸合适的卫生洁具

图 7-14　小便斗安装图例（单位：mm）

7.2.10　坐便器尺寸

7.2.10.1　基本知识

坐便器有关尺寸见表 7-24。

表 7-24　坐便器有关尺寸

项　目	解　说
坐便器的宽度	不同的坐便器宽度是不同的，一般的坐便器宽度为 30～50cm。对于一般胖的人，坐便器宽 50cm 也是没什么问题的
坐便器的高度	一般坐便器高度大约为 70cm
坐便器的长度	一般坐便器长度大约为 70cm
坐便器的排污口径	一般为 30cm、40cm，个别有 35cm
坐便器的坑距	一般常见有 300mm、350mm、380mm、400mm

续表

项目	解　说
坐便器安装的下水口	安装坐便器时，将下水口锯短，在条件允许的情况下尽可能让下水口高出地面 2～5mm
常规预留坐便器后面距墙的距离	常规预留坐便器后面距墙的距离大约为 300mm
常规预留坐便器侧边的距离	常规预留坐便器侧边的距离不少于 500mm
坐便中心距常用规格	200mm、220mm、280mm、300mm、320mm、350mm 等

7.2.10.2　图例

（1）坐便器类型的参数图例如图 7-15 所示。

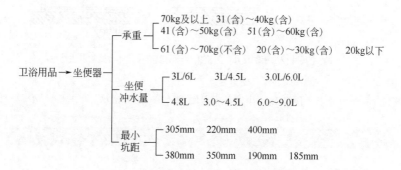

图 7-15　坐便器类型的参数图例

（2）坐便器的排污口尺寸图例如图 7-16 所示。

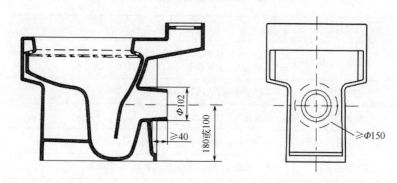

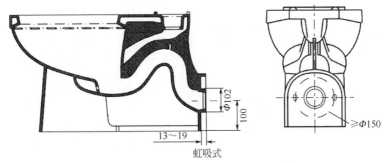

虹吸式

落地后排式坐便器排污口尺寸

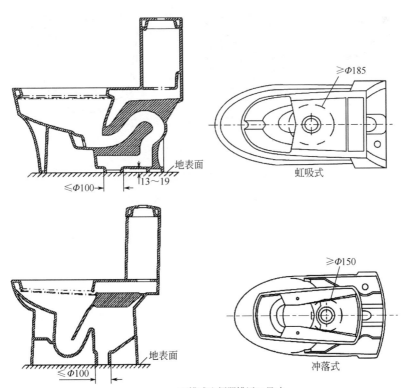

地表面

虹吸式

地表面

冲落式

下排式坐便器排污口尺寸

图 7-16

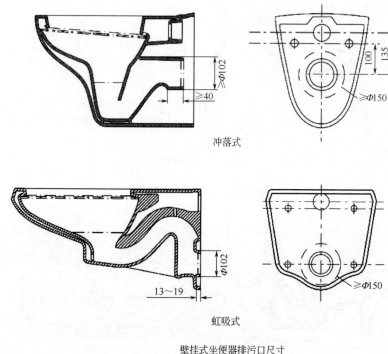

冲落式

虹吸式

壁挂式坐便器排污口尺寸

图 7-16　坐便器的排污口尺寸图例（单位：mm）

（3）壁挂式坐便器安装螺栓孔距图例如图 7-17 所示。

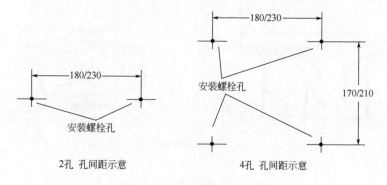

2孔 孔间距示意　　　4孔 孔间距示意

图 7-17　壁挂式坐便器安装螺栓孔距图例（单位：mm）

（4）坐便器座圈尺寸图例如图 7-18 所示。

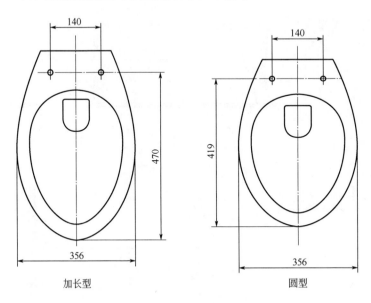

加长型　　　　　　　　　　　　　　圆型

图 7-18　坐便器座圈尺寸图例（单位：mm）

（5）坐便器安装图例如图 7-19 所示。

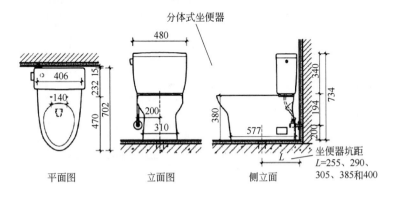

平面图　　　　　立面图　　　　　侧立面

图 7-19

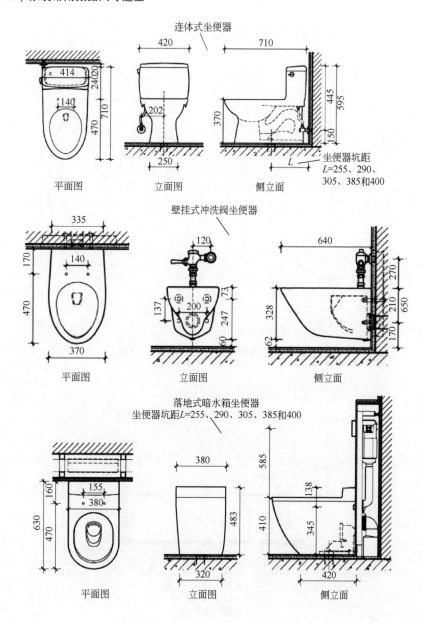

连体式坐便器

坐便器坑距
L=255、290、
305、385和400

平面图　　　　　立面图　　　　　侧立面

壁挂式冲洗阀坐便器

平面图　　　　　立面图　　　　　侧立面

落地式暗水箱坐便器
坐便器坑距L=255、290、305、385和400

平面图　　　　　立面图　　　　　侧立面

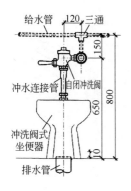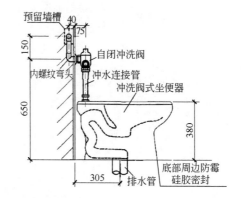

图 7-19　坐便器安装图例（单位：mm）

7.2.11　马桶盖尺寸

7.2.11.1　基本知识

马桶盖有关尺寸见表 7-25。

表 7-25　马桶盖有关尺寸

项目	解说
马桶盖的长度与对应的座圈	马桶盖的长度基本为 50cm 以上，不少尺寸达到了 52~53cm。这样长度的马桶盖对应的座圈内径长度大约为 30cm
短款的洁身器长度与对应的座圈	短款的洁身器的长度基本为 47~49cm，对应座圈内径长度大约为 27cm
盖板的覆盖面的长度	马桶盖板的覆盖面长度最好为 50cm 以上
马桶盖的两个安装孔间的尺寸	马桶盖的两个安装孔间的尺寸最好为 14~19cm
马桶盖的宽度	马桶盖的宽度基本为 34~39cm

7.2.11.2　图例

智能马桶盖的安装图例数据如图 7-20 所示。

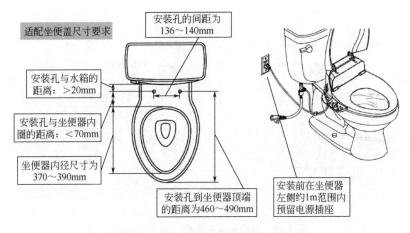

图 7-20　智能马桶盖的安装图例数据

7.2.12　蹲便器安装位置尺寸与要求数据

7.2.12.1　基本知识

蹲便器有关尺寸见表 7-26。

表 7-26　蹲便器有关尺寸

项目	解　说
蹲便器规格尺寸	520mm×420mm×220mm、520mm×420mm×280mm、580mm×450mm×270mm、520mm×420mm×190mm、535mm×430mm×240mm、535mm×430mm×190mm 等
蹲便器进水口中心到完成墙的距离	进水口中心到完成墙的距离应不小于 60mm
蹲便器任何部位的坯体厚度	应不小于 6mm
所有带整体存水弯卫生陶瓷的水封深度	不得小于 50mm
常规预留净墙面，蹲便后面距墙的距离	650～700mm
常规预留净墙面，蹲便侧边的距离	不少于 450mm

7.2.12.2　图解

蹲便器安装图例如图 7-21 所示。

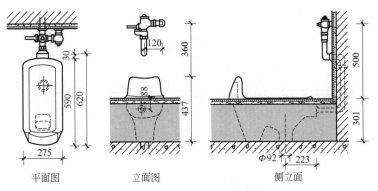

手动式冲洗阀蹲便器

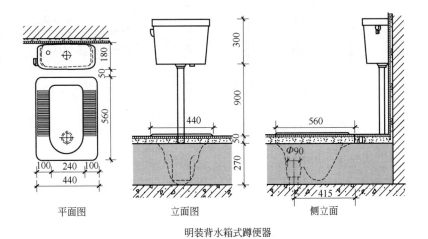

明装背水箱式蹲便器

图 7-21　蹲便器安装图例（单位：mm）

7.2.13 便器扶手规格尺寸

常见便器扶手规格尺寸如图 7-22 所示。

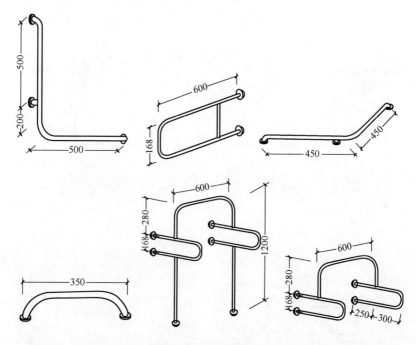

图 7-22 常见便器扶手规格尺寸（单位：mm）

7.2.14 洗手盆规格尺寸

7.2.14.1 基本知识

洗手盆规格尺寸见表 7-27。

表 7-27 洗手盆规格尺寸

项目	解　说
长方形洗手盆的尺寸	长方形洗手盆的尺寸常为 600mm×400mm、600mm×460mm、800mm×500mm 等规格

续表

项目	解　说
圆形洗手盆的尺寸	圆形洗手盆尺寸一般以直径来计算其尺寸规格。例如直径为 400mm、460mm、600mm 等圆形洗手盆是目前市场上比较常见的圆形洗手盆尺寸
卫生间洗手盆的尺寸	卫生间洗手盆尺寸一般需要根据卫生间的大小来确定。目前市场上常见的洗手盆规格有 330mm×360mm、550mm×330mm、600mm×400mm、600mm×460mm、800mm×500mm、700mm×530mm、900mm×520mm、1000mm×520mm 等

7.2.14.2　技巧一点通

目前，市场上的卫生间洗手盆造型款式多，比较常见的造型有长方形、圆形、异形、方形、扇形等。洗手盆款式、材质、种类、质量、品牌的不同，使得卫生间洗手盆尺寸也呈现多样化，其中最主要的影响因素是洗手盆的样式。卫生间洗手盆尺寸一般需要根据卫生间的大小来选择确定。另外，洗手盆尺寸大小还需要根据与台面面积的搭配合适来确定。标准的洗手盆台面高度是 850mm，台上盆为 750mm。不过，实际设计、安装洗手盆的高度需要考虑使用人的身高因素，避免过高或过低的洗手盆给人带来不便性。

目前，很多企业都提供卫浴定制。因此，可以根据需要的尺寸、形状去定制。

7.2.15　水龙头有关数据尺寸

（1）常用水龙头的规格如图 7-23 所示。

（2）面盆水龙头尺寸一般指的是内径，进水口尺寸一般为 15cm、20cm、25cm 等。水龙头须与洁具的结构尺寸配套。

（3）面盆、洗涤槽器具通常有单孔、双孔、三孔之分，孔距有 100mm、150mm、200mm 等，为此，选择的水龙头需要与之匹配。

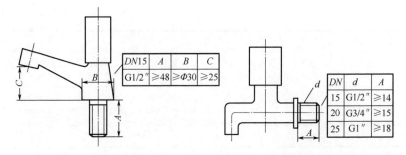

DN15	A	B	C
G1/2″	≥48	≥Φ30	≥25

DN	d	A
15	G1/2″	≥14
20	G3/4″	≥15
25	G1″	≥18

单柄单控陶瓷片密封面盆水龙头　　　单柄单控陶瓷片密封普通水龙头

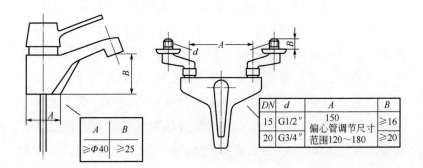

A	B
≥Φ40	≥25

DN	d	A	B
15	G1/2″	150 偏心管调节尺寸 范围120～180	≥16
20	G3/4″		≥20

单柄双控陶瓷片密封面盆水龙头　　　单柄双控陶瓷片密封浴盆水龙头

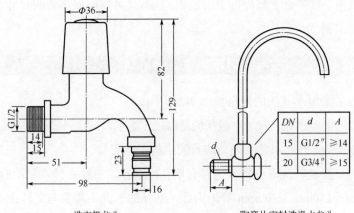

DN	d	A
15	G1/2″	≥14
20	G3/4″	≥15

洗衣机龙头　　　　　　　　陶瓷片密封洗涤水龙头

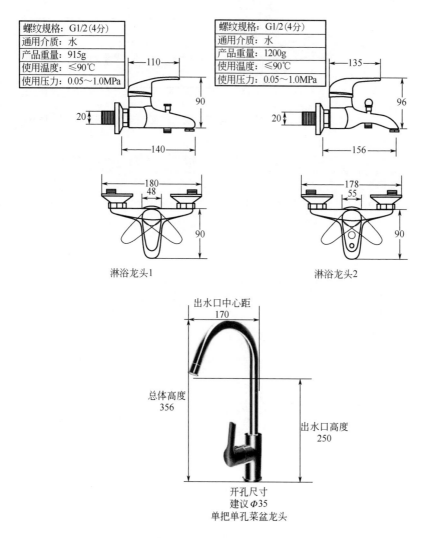

螺纹规格:	G1/2(4分)
通用介质:	水
产品重量:	915g
使用温度:	≤90℃
使用压力:	0.05～1.0MPa

螺纹规格:	G1/2(4分)
通用介质:	水
产品重量:	1200g
使用温度:	≤90℃
使用压力:	0.05～1.0MPa

淋浴龙头1

淋浴龙头2

出水口中心距
170

总体高度
356

出水口高度
250

开孔尺寸
建议 Φ35
单把单孔菜盆龙头

图 7-23　常用水龙头的规格（单位：mm）

（4）洗衣机进水管与水龙头的连接安装要求如图 7-24 所示。

图 7-24   洗衣机进水管与水龙头的连接安装要求

7.2.16   角阀有关数据与尺寸

常用角阀尺寸数据如图 7-25 所示。

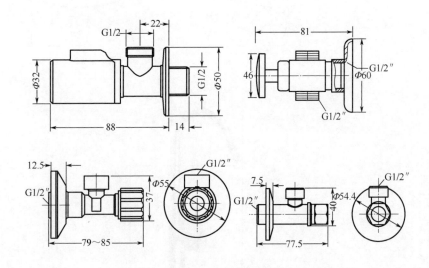

图 7-25   常用角阀尺寸数据（单位：mm）

7.2.17   按键式便池冲洗阀有关数据与尺寸

常用按键式便池冲洗阀尺寸数据如图 7-26 所示。

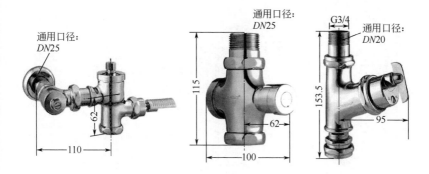

图 7-26 常用按键式便池冲洗阀尺寸数据（单位：mm）

7.2.18 脚踏阀有关数据与尺寸

脚踏阀全开时的流量要求数据见表 7-28。

表 7-28 脚踏阀全开时的流量要求数据

项目	公称尺寸 DN/mm	工作压力/MPa	额定流量/（L/s）
小便冲洗脚踏阀	15	0.05	0.10
大便冲洗脚踏阀	20 或 25	0.10～0.15	1.20
洗脸盆脚踏阀	15	0.05	0.15
洗涤用脚踏阀	20	0.05	0.30～0.40
洗涤用脚踏阀	15	0.05	0.15～0.20
脚踏淋浴阀（单）	15	0.05～0.10	0.15
脚踏淋浴阀（双）	15	0.05～0.10	0.10×2

7.2.19 淋浴器有关数据与尺寸

淋浴器安装图例数据如图 7-27 所示。

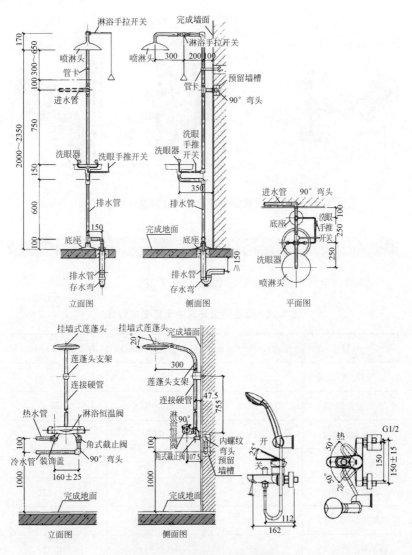

图7-27 淋浴器安装图例数据

常用花洒头（喷头）规格尺寸如图7-28所示。

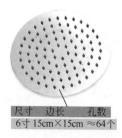

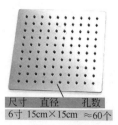

尺寸	边长	孔数
6寸	15cm×15cm	≈64个

尺寸	直径	孔数
6寸	15cm×15cm	≈60个

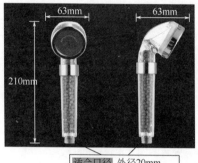

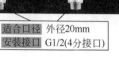

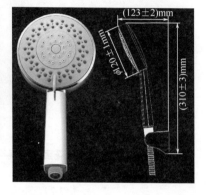

适合口径	外径20mm
安装接口	G1/2(4分接口)

图 7-28　常用花洒头（喷头）规格尺寸

7.2.21　花洒底座有关数据与尺寸

常见花洒底座规格与安装图例如图 7-29 所示。有的花洒底座支架安装孔位为上下结构，中心孔距大约为 25mm，有的花洒底座中心孔距大约为 55mm。

7.2.22　花洒软管规格尺寸

花洒软管有金属软管、编织管、PVC 加强管等不同材质。花洒软管有关数据尺寸见表 7-29。

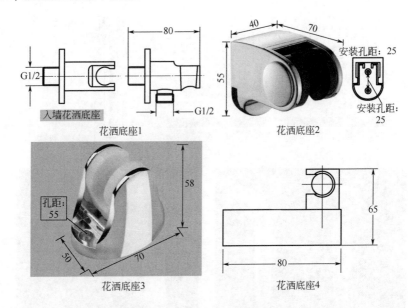

图 7-29　常见花洒底座规格与安装图例（单位：mm）

表 7-29　花洒软管有关数据尺寸

项目	解　说
花洒软管的规格尺寸	重要的一点是花洒软管的规格尺寸必须与花洒吻合，其外径尺寸一般为14mm、16mm、17mm、18mm 等
花洒软管的使用温度	花洒软管的使用温度不能超过 70℃，高温、紫外光会大大加速花洒的老化
花洒安装要求	花洒不能装在浴霸正下方，距离需要在 60cm 以上，并且花洒软管需要保持自然舒展状态

7.2.23　淋浴房玻璃尺寸

7.2.23.1　基本知识

简易淋浴房的玻璃是其最主要的构成部分，为此，玻璃的选择显得十分重要。只有合格的钢化玻璃厚度，才可以保证玻璃的质量与使用安全。

淋浴房玻璃尺寸见表 7-30。

表 7-30　淋浴房玻璃尺寸

项目	解　说
淋浴房玻璃厚度	淋浴房玻璃厚度有多种，其中以 6mm、8mm、10mm 的厚度最为常见
钢化玻璃的耐冲击强度	淋浴房所用玻璃，必须采用完全钢化玻璃。钢化玻璃与同等厚度的普通玻璃相比，其耐冲击强度比普通玻璃高 3～5 倍
弧形类淋浴房玻璃的厚度	玻璃的厚度与淋浴房的造型有关。弧形类淋浴房对玻璃有造型要求，一般以 6mm 为宜，太厚不适合做造型，且稳定性不及 6mm 厚的
直线造型的淋浴房玻璃的厚度	可以选择 8mm 厚的，或者 10mm 厚的

7.2.23.2　图例

常见淋浴房玻璃尺寸如图 7-30 所示。

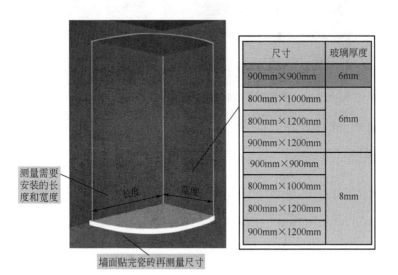

图 7-30　常见淋浴房玻璃尺寸

7.2.23.3 技巧一点通

淋浴房有半弧形的也有直线型的，玻璃的厚度与淋浴房的造型有关。但是需要注意，随着玻璃厚度的增加，则相关五金件质量要求会更高。另外，选购淋浴房玻璃时，需要查看玻璃的有关认证等指标。另外，使用时贴膜可以降低自爆对人的伤害。

7.2.24 防臭密封圈有关数据与尺寸

常见防臭密封圈有关数据与尺寸如图7-31所示。

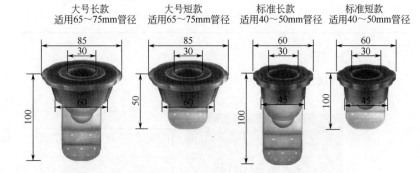

图 7-31　常见防臭密封圈有关数据与尺寸（单位：mm）

第 8 章
其他数据与尺寸

8.1 装修装饰材料与应用有关数据与尺寸

8.1.1 常用瓷砖规格尺寸

常用瓷砖规格尺寸见表 8-1。

表 8-1 常用瓷砖规格尺寸

项目	解　　说
釉面砖	釉面砖是用于建筑物内墙装饰的薄板状精陶制品，又称为墙面砖。釉面砖常用的规格为 108mm×108mm、152mm×152mm、200mm×200mm、200mm×300mm、300mm×300mm、300mm×600mm、400mm×800mm 等，厚度为 5～10mm 等
地砖	地砖是装饰地面用的陶瓷材料。根据其尺寸分为：尺寸较大的称为铺地砖，尺寸较小而且较薄的称为锦砖（马赛克）。铺地砖规格常见尺寸为：150mm×150mm、150mm×800mm、100mm×200mm、200mm×300mm、300mm×300mm、300mm×400mm、500mm×500mm、600mm×600mm、800mm×800mm 等，厚度为 8～20mm 等

项目	解　说
陶瓷劈离砖	陶瓷劈离砖一般规格为：115mm×240mm×（11×2）mm、200mm×100mm×（11×2）mm、240mm×71mm×（11×2）mm、200mm×200mm×（14×2）mm、300mm×300mm×（14×2）mm 等
大型陶瓷饰面板	大型陶瓷饰面板是一种新型的高档建筑装饰材料，具有单块面积大、厚度薄、平整度好等优点，并有绘制艺术、书法、条幅和壁画等多种功能。大型陶瓷饰面板主要规格有：595mm×295mm、295mm×197mm，厚度为4mm、5.5mm、8mm 等

8.1.2　外墙瓷砖规格

8.1.2.1　基本知识

外墙瓷砖主要用于保护建筑外墙并能起到很好的装饰效果。外墙瓷砖颜色丰富、规格多样化。常用外墙瓷砖规格见表8-2。

表8-2　常用外墙瓷砖规格

项目	解　说
常见外墙砖规格尺寸	100mm×200mm、23mm×48mm、45mm×45mm、45mm×95mm、45mm×145mm、50mm×200mm、100mm×100mm、45mm×195mm、25mm×25mm、95mm×95mm、60mm×240mm、200mm×400mm（宽×长）等
条形瓷砖的规格尺寸	常见的为（宽×长）23mm×48mm
方形瓷砖的规格尺寸	常见的为（宽×长）45mm×45mm居多，还有（宽×长）100mm×100mm、200mm×400mm 等

8.1.2.2　技巧一点通

尺寸比较大的方形瓷砖一般是用在比较大型的建筑，例如商场、广场等。

8.1.3　彩釉砖尺寸允许偏差与表面质量规定

（1）彩釉砖是彩色陶瓷墙地砖的简称。其一般用于外墙与室内地面的装饰。彩釉砖的最常见的尺寸为200mm×100mm（8～10）mm、

150mm×75mm（8～10）mm。彩釉砖的尺寸允许偏差必须符合表 8-3 的规定。

表 8-3　彩釉砖的尺寸允许偏差　　　　单位：mm

基本尺寸	允许偏差	边长	厚度
<150±1.5	（150～250）±2.0	>250±2.5	<12±1.0

（2）彩釉砖的最大允许变形应符合表 8-4 的规定。

表 8-4　彩釉砖的最大允许变形　　　　单位：%

变形种类	中心弯曲度	翘曲度	边直度	直角度
优等品	±0.50	±0.50	±0.50	±0.60
一级品	±0.60	±0.60	±0.60	±0.70
合格品	+0.80　−0.60	±0.70	±0.70	±0.80

（3）彩釉砖的表面质量规定见表 8-5。

表 8-5　彩釉砖的表面质量规定

缺陷名称	铁釉	斑点	裂纹	棕眼	落脏	熔洞	釉泡	开裂	磕碰	剥边	坯粉	烟熏
优等品	距离砖面 1m 处目测，有可见缺陷的砖数不超过 5%											
一级品	距离砖面 2m 处目测，有可见缺陷的砖数不超过 5%											
合格品	距离砖面 2m 处目测，缺陷不明显，色差距离砖面 3m 处目测不明显											

8.1.4　陶瓷锦砖规格与技术要求、允许偏差

（1）陶瓷锦砖规格见表 8-6。

表 8-6   陶瓷锦砖规格

项目		规格/mm	允许公差/mm		主要要求
			一级品	二级品	
单块锦砖	边长	<25.0 >25.0	±0.5 ±1.0		吸水率不大于0.2% 锦砖脱纸时间不大于 40min
	厚度	4.0 4.5	±0.2		
每联锦砖	线路	2.0	±0.5	±0.1	
	联长	305.5	+2.5 -0.5	+3.5 -1.0	

（2）陶瓷锦砖技术要求见表 8-7。

表 8-7   陶瓷锦砖技术要求

项目	单位	指标
密度	kg/cm^3	2.3～2.4
抗压强度	kg/MPa	15.0～25.0
使用温度	℃	−20～100
耐酸度	%	>95
耐碱度	%	>84
莫氏硬度	%	6～7

（3）陶瓷锦砖允许偏差见表 8-8。

表 8-8   陶瓷锦砖允许偏差

项目		允许偏差/mm	检验方法
		用于外墙面砖	
立面垂直度	室内	2	可以用 2m 靠尺与塞尺来检查
	室外	3	

续表

项目		允许偏差/mm	检验方法
		用于外墙面砖	
表面平整		2	可以用 2m 靠尺与塞尺来检查
阴阳角方正		2	可以用 20cm 方尺与塞尺来检查
接缝平直		2	拉 5m 小线与尺量来检查
接缝高低差	室内	0.5	用钢板短尺与塞尺来检查
	室外	1	

8.1.5　装饰用大理石主要化学成分含量与性能参考值

（1）大理石是由石灰岩与白云岩在高温、高压下矿物重新结晶变质而成。大理石的主要化学成分含量见表 8-9。

表 8-9　大理石的主要化学成分含量

成分	CaO	MgO	SiO_2	Al_2O_3	Fe_2O_3
含量/%	28～54	13～22	3～23	0.5～2.5	0～3

（2）各种大理石自然条件差别较大，其物理力学性能有较大差异。大理石性能参考值见表 8-10。

表 8-10　大理石性能参考值

容重/（t/m^3）	吸水率/%	膨胀系数/（10^{-6}/℃）	耐用年限/年	抗折强度/MPa	抗剪强度/MPa
2.6～2.8	8～24	2.5～6	10～20	6.5～10.2	40～100

8.1.6　装饰用花岗石主要化学成分与性能参考值

（1）花岗石以石英、长石和云母为主要成分，其中长石含量为40%～60%，石英含量为 20%～40%。花岗石的主要化学成分见表 8-11。

表8-11 花岗石主要化学成分

成分	SiO$_2$	Al$_2$O$_3$	CaO	MgO	Fe$_2$O$_3$
含量/%	67～76	12～17	0.1～2.7	0.5～1.6	0.2～0.9

（2）花岗石的物理力学性能指标见表8-12。

表8-12 花岗石的物理力学性能指标

容重/(t/m^3)	吸水率/%	膨胀系数/(10^{-6}/℃)	耐用年限/年	平均韧性/cm	抗压强度/MPa	抗折强度/MPa	抗剪强度/MPa
2.5～2.7	8.5～15	4.61	13～19	<1	75～200	8	11

8.1.7 竹地板规格数据

竹地板是一种高档的地面装饰材料，竹地板的尺寸规格较多，常见竹地板规格见表8-13。

表8-13 常见竹地板规格   单位：mm

产品名称	厚度	宽度	长度
立体拼花地板	8、10、12、13、16、19、20、22、25、30、35、40 等	80、120、160、240 等	80、120、160、240 等
单层结构竹地板	80～200：以 10 为级差变化 200～600：以 50 为级差变化 150～850：以 50 为级差变化 >900：以 100 为级差变化		

8.1.8 玻璃钢格栅板尺寸规格特点

玻璃钢格栅主要用于腐蚀环境的地板、栈道、地沟盖板、平台、楼梯等，其是一种用不饱和聚酯树脂为基体，玻璃纤维作为增强材料，然后经过特殊加工复合而成的带有许多空格的一种板状材料。玻璃钢格栅尺寸规格特点见表8-14。

表 8-14　玻璃钢格栅尺寸规格特点

项目	解　　说
应用最多的玻璃钢格栅尺寸	应用最多的玻璃钢格栅尺寸为长 3.66m、宽 1.22m，格栅孔径大小为 3.8cm×3.8cm。它们最大的区别在于厚度不同
2.5cm 厚的玻璃钢格栅	承载能力一般，只适合人行走
3.8cm 厚的玻璃钢格栅	承载能力强，洗车场、污水处理厂等常被用作车辆来往、机器操作的平台、排水板等
5.0cm 厚的玻璃钢格栅	承载能力依次增强，在大型的建筑工程、化工工程等中使用

8.1.9　窗帘盒尺寸与选择

窗帘盒尺寸见表 8-15。

表 8-15　窗帘盒尺寸

项目	解　　说
窗帘盒的高度	一般为 120～180 mm
窗帘盒的深度	单层布一般为 120 mm；双层布一般为 160～180mm

8.1.10　纸面石膏板常见规格

纸面石膏板常见规格见表 8-16。

表 8-16　纸面石膏板常见规格

石膏板种类	规格		推荐应用	主要指标
	长×宽/mm	厚度/mm		
普通纸面石膏板	3000×1200	9.5/12/15	建筑围护墙内侧、内隔墙、吊顶	耐水：吸水率≤10.0% 表面吸水量≤160g/m²
	2400×1200	9.5/12/15		
耐潮纸面石膏板	3000×1200	9.5/12	有一定耐潮防霉要求的吊顶和隔墙	

续表

石膏板种类	规格		推荐应用	主要指标
	长×宽/mm	厚度/mm		
耐水纸面石膏板	3000×1200	9.5/12/15	卫生间、厨房等潮湿空间的隔墙和吊顶	高级耐水: 吸水率≤5.0% 表面吸水量≤160g/m² 耐潮: 表面吸水量≤160g/m² 耐火: 遇火稳定性≥20min 高级耐火: 遇火稳定性≥45min 耐潮耐火: 表面吸水量≤160g/m² 遇火稳定性≥20min 高级耐水耐火: 吸水率≤5.0% 表面吸水量≤160g/m² 遇火稳定性≥45min
高级耐水纸面石膏板	3000×1200	12		
耐火纸面石膏板	3000×1200	9.5/12/15	建筑中有防火要求的部位及钢结构耐火护面	
高级耐火纸面石膏板	3000×1200	12/15		
特级耐火纸面石膏板	3000×1200	15		
耐潮耐火纸面石膏板	3000×1200	9.5/12	有一定耐潮防霉和耐火要求的部位	
高级耐水耐火纸面石膏板	3000×1200	12/15/25	较高耐火耐水要求的部位	
无覆膜装饰石膏板	595×595	9.5	需要改善音质、降低噪声的各类建筑隔墙及吊顶	
压花石膏板	2700×1200	9.5/12		
穿孔石膏板	3000×1200	9.5/12		
覆膜石膏板	595×595	9.5	用于各种隔墙和吊顶的安装,表面无需再次装饰	
	605×605	9.5		
	3000×600	12		
	3000×1200	12		
覆膜穿孔板	595×595	9.5		
	2700×1200	12		
	3000×1200	12		

8.1.11 石膏线尺寸

石膏线尺寸见表8-17。

表 8-17　石膏线尺寸

项目	解　说
石膏线长度	长度一般为 2.5m/根
石膏线宽度	宽度一般为 8～15cm。有阴角小规格的尺度一般为 3～5cm；平线最小一般为 3cm。有的尺寸可以定做

8.1.12　家装隔墙轻钢龙骨规格

家装隔墙轻钢龙骨规格见表 8-18。

表 8-18　家装隔墙轻钢龙骨规格

名称	断面	实际尺寸		应用
		$A \times B$/mm	厚度/mm	
横龙骨 （U 型龙骨）		50×32	0.5	适用于高度 ≤3000mm 家庭装修的小开间隔墙
		75×32	0.5	
		75×35	0.55	
竖龙骨 （C 型龙骨）		47.5×38/35	0.5	
		72.5×38/35	0.5	
		73.5×45	0.55	
通贯龙骨		38×12	0.8	

8.1.13　集成吊顶龙骨材料与尺寸

8.1.13.1　基本知识

集成吊顶龙骨材料与尺寸见表 8-19。

表 8-19 集成吊顶龙骨材料与尺寸

项目	解　说
木龙骨	木龙骨一般选用松木、杉木等易钉的软质木方材料。木龙骨需要顺直，无扭曲、硬弯、劈裂等缺陷。主龙骨的断面尺寸大约为 30mm×40mm、40mm×60mm，次龙骨断面尺寸应大约为 30mm×40mm、20mm×30mm、25mm×35mm，吊筋断面尺寸应大约为 50mm×70mm。有的墙裙木龙骨用 10mm×30mm，地板木龙骨基本上选择用 25mm×40mm 或 30mm×40mm（长度为 2~4m）。有的木龙骨为 20mm×30mm（长度为 2~4m）。更大规格的木龙骨（60mm×80mm 或者 60mm×100mm）很少用于家庭装修
轻钢龙骨	吊顶的轻钢龙骨应采用 50 系列，镀锌板材的壁厚不应小于 1mm，主次龙骨与连接件均需要经镀锌处理。轻钢龙骨的吊筋应选择采用钢筋制作，固定件采用角钢，规格一般大约为 30mm×30mm×3mm。吊筋、固定角钢均需要刷防锈油漆
铝合金龙骨	选择铝合金龙骨时，其壁厚不宜小于 0.8mm，表面需要采用阳极化、喷塑或烤漆等方法进行防腐处理

8.1.13.2　技巧一点通

龙骨选择要配套，因此，在选择铝扣板时，最好连配套的龙骨一起购买，以防型号不匹配产生不便。对于需安装顶灯、排气扇、浴霸等电器的卫浴间而言，需要注意的是要提前预留好安装位置，并且固定在龙骨上，以免铝扣板因受力过重而脱落。

木龙骨的尺寸没有太严格的规定，一般不同的地区和厂家生产的木龙骨的规格尺寸也不同，使用时主要考虑龙骨受力的刚度、稳定性，根据跨度和面层材料的重量来考虑，以及主龙骨、副（次）龙骨的分布情况来使用。

8.1.14　护栏与扶手安装允许偏差

装饰装修护栏与扶手安装的允许偏差见表 8-20。

表 8-20　护栏与扶手安装的允许偏差

项目	允许偏差/mm	检验方法
扶手高度	3	可以用钢尺来检查
扶手直线度	4	可以拉通线，用钢直尺来检查

续表

项目	允许偏差/mm	检验方法
护栏垂直度	3	可以用 1m 垂直检测尺来检查
栏杆间距	3	可以用钢尺来检查

8.1.15　绝缘梯尺寸要求

8.1.15.1　基本知识

绝缘梯分为绝缘单梯、绝缘关节梯、绝缘人字梯、绝缘升降梯、绝缘升降平台、绝缘合梯、绝缘高低凳等。绝缘梯可供电工程、电信工程、电气工程、水电工程等专用登高工具。

常见绝缘合梯技术参数见表 8-21。

表 8-21　常见绝缘合梯技术参数

项目	解　　说
2m 绝缘合梯	高度——大约为 2m 踏板间距——300～400mm 踏板宽度——大约为 35mm 最大负荷——大约为 1200N
3m 绝缘合梯	高度——大约为 3m 踏板间距——300～400mm 踏板宽度——大约为 35mm 最大负荷——大约为 1200N
4m 绝缘合梯	高度——大约为 4m 踏板间距——300～400mm 踏板宽度——大约为 35mm 最大负荷——大约为 1200N
5m 绝缘合梯	高度——大约为 5m 踏板间距——300～400mm 踏板宽度——大约为 35mm 最大负荷——大约为 1200N

8.1.15.2　技巧一点通

每次使用梯子前，必须仔细检查梯子表面、零配件、绳子等是否存在裂纹、严重的磨损与影响安全的损伤。使用梯子时，需要选择平整、坚硬的地面，以防侧歪发生危险。如果梯子使用高度超过5m，需要在梯子中上部设立抗一定风力的拉线。使用梯子前，还需要检查所有梯脚是否与地面接触良好，以防打滑。当攀登梯子或工作时，总是保持身体在梯梆的横撑中间，身体保持正直，不能伸到外面，以免因失去平衡而发生意外。使用时，绝对禁止超过梯子的工作负荷。

8.1.16 家用梯子尺寸与选择

8.1.16.1 基本知识

家用梯子尺寸见表8-22。

表8-22 家用梯子尺寸

项目	解说
三步梯子的高度	三步梯子的高度大约为70cm。三步梯子踩到最高阶时通常无法够到屋顶，只适用于柜顶取物、擦玻璃等一般作业
四步梯子的高度	四步梯子高度大约为1m。四步梯子踩到最高阶时手指刚好可以够到层顶位置，其适用于挂窗帘等位置较高的作业
五步梯子的高度	五步梯子的高度大约为1.2m。五步梯子踩到最高阶时可以让头顶与屋顶齐平，其适用于灯具安装等作业
延伸梯架设时必须高出最高支撑点的要求	延伸梯架设时必须比最高支撑或接触点（可能是墙面或屋顶线）高出2.13~3.05m，这样就有足够的长度来完成正确架设、踏棍重叠等工作。延伸梯高于支撑点或屋顶线的踏棍是严禁站立的
梯子高度的选择与触及的高度	梯子高度的选择是以一个人身高1.68m来计算的，其垂直可触及的高度大约为1.95m 如果站立在1.17m规格高的单/双侧梯上时，则能够触及2.44m高度的物品 如果站立在1.76m规格高的单/双侧梯，则能够触及3.05m高度的物品 如果站立在2.04m规格高的单/双侧梯，则能够触及3.35m高度的物品 如果站立在2.32m规格高的单/双侧梯，则能够触及3.66m高度的物品
延伸梯高度的选择与触及的高度	如果站立在4.88m规格高的延伸梯上，则最大触及高度大约为4.57m 如果站在6.10m规格高的延伸梯上，则最大触及高度为5.79m 如果站在7.32m规格高的延伸梯，则最大触及高度大约为7.01m 如果站在8.53m规格高的延伸梯，则最大触及高度大约为8.23m 如果站在9.75m规格高的延伸梯，则最大触及高度大约为9.45m 如果站在10.97m规格高的延伸梯，则最大触及高度大约为10.36m 如果站在12.19m规格高的延伸梯，则最大触及高度大约为11.28m

8.1.16.2　技巧一点通

目前，市场上有三步梯、四步梯、五步梯，需要根据需求来选择相适应高度的梯子。选用家用梯子时，需要选择符合安全标准的、结构良好及适合工作使用的梯子。

8.1.17　楼梯尺寸

8.1.17.1　基本知识

（1）楼梯分为单人梯、双人梯、三人梯，是根据楼梯最小宽度来分类的，其分类的依据数据见表 8-23。

表 8-23　根据楼梯最小宽度来分类的数据　　　单位：mm

类型	单人梯	双人梯	三人梯
梯段最小宽度 b	$550 \leqslant b \leqslant 1100$	$1100 < b \leqslant 1400$	$1400 < b \leqslant 2100$

注：梯段宽度：两侧有扶手的楼梯，梯段宽度为两侧扶手中心线之间在水平方向的最小距离；一侧有扶手的楼梯，梯段宽度为扶手中心至墙在水平方向的最小距离。

（2）楼梯尺寸见表 8-24。

表 8-24　楼梯尺寸

项　目	解　说
楼梯角度	一般为 20°～45°
楼梯舒适坡度	一般为 26°34′，也就是高宽比为 1/2
楼层平台深度	一般楼层平台深度至少为 500～600mm。根据楼梯间的尺寸、梯段宽度等，可以确定平台深度
九层及九层以下，每层建筑面积不超过 300m²，且人数不超过 30 人的单元式住宅楼梯数量要求	可设 1 个楼梯
九层及九层以下建筑面积不超过 500m² 的塔式住宅楼梯数量要求	可设 1 个楼梯
四层及以下的建筑物，楼梯间距离出入口的要求	不大于 15m 处

项　目	解　说
踏步宽（b）与高（h）需要符合的要求	$b+h=450mm$ $b+2h=600\sim620mm$ 通常住宅楼梯的踏步尺寸适宜范围为：踏步宽度250mm、260mm、280mm，踏步高度160～180mm 踏步数量：n=层高/踏步高。如果得出的踏步数量不是整数，则可调整踏步高度值，使踏步数量为整数
梯井宽度的要求	梯井宽度一般为100～200mm
楼梯段最少踏步数要求	楼梯段最少踏步数为3步，最多为18步
梯段宽度要求	梯段宽度取决于通行人数与消防要求，具体计算如下： （1）梯段宽=（梯间宽-梯井宽）/2。梯段宽度需要采用1M或1/2M的整数倍数 （2）每股人流宽度=平均肩宽（550mm）+少许提物尺寸（0～150mm） （3）消防要求每个楼梯必须保证二人同时上下，梯段最小宽度为1100～1400mm （4）室外疏散楼梯梯段最小宽度为800～900mm
楼梯栏杆与扶手的要求	楼梯栏杆与扶手的要求如下： （1）扶手表面的高度与楼梯坡度有关，其中15°～30°取900mm。30°～45°取850mm。45°～60°取800mm。60°～75°取750mm （2）水平的护身栏杆需要不小于1050mm （3）楼梯段的宽度大于1650mm（三股人流）时，需要增设靠墙扶手。楼梯段的宽度超过2200mm（四股人流）时，还需要增设中间扶手 （4）楼梯的扶手直径一般以5.5cm为宜
楼梯休息平台梁与下部通道处的净高尺寸的要求	楼梯休息平台梁与下部通道处的净高尺寸不应小于2000mm。楼梯间的净高不应小于2200mm
跃层楼梯尺寸	跃层楼梯一些尺寸如下： （1）为了防止上、下楼梯时产生错觉，楼梯的第一级台阶与最后一级台阶的高度要与其他级保持一致。如果不得不改变，高差也应控制在4cm内 （2）跃层楼梯最高一级的踏步距离天花板的高度应有不少于2m的净空，最低不能低于1.8m，以免产生压迫感 （3）楼梯的净宽一般不得小于75cm。如果楼梯的两侧均有墙面，则其净宽不得小于90cm （4）阶梯高度一般设计为15～18cm，阶面的深度一般为22～27cm，阶梯级数一般大约是15步 （5）每两根栏杆的中心距离一般以8cm为准，不可超过12.5cm （6）扶手高度以到腰部位置为准，通常为85～90cm，扶手直径一般大约为5.5cm

（3）公共楼梯和走廊式住宅一般应布置两部楼梯，单元式住宅可例外。2～3 层的建筑（医院、疗养院、托儿所、幼儿园除外）符合表 8-25 的要求，可设一个疏散楼梯。

表 8-25　2～3 层的建筑楼梯要求

耐火等级	层数	每层最大建筑面积/m²	人　数
一、二级	二、三层	500	第二层与第三层人数之和不超过 100 人
三级	二、三层	200	第二层与第三层人数之和不超过 50 人
四级	二层	200	第二层人数之和不超过 30 人

8.1.17.2　图例

木质楼梯图例与有关数据尺寸图例如图 8-1 所示。

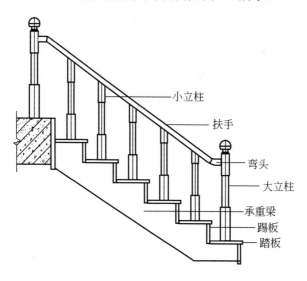

图 8-1

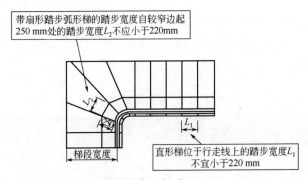

踏步面几何尺寸示意

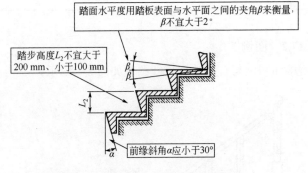

踏板前缘斜角以及踏面水平度示意

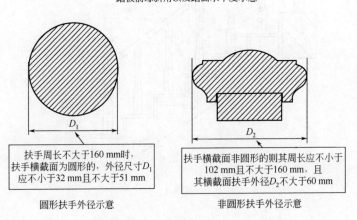

圆形扶手外径示意　　　　　　非圆形扶手外径示意

图 8-1　木质楼梯图例与有关数据尺寸图例（单位：mm）

8.1.17.3　技巧一点通

楼梯位置的确定要求如下。

（1）楼梯不宜放在建筑物的角部、边部，以便于荷载的传递。

（2）楼梯应有直接的采光、自然通风。

（3）楼梯应放在明显、易于找到的部位。

（4）五层及以上建筑物的楼梯间，底层需要设出入口。

装修设计时楼梯形式的选择如下：根据已知的楼梯间尺寸来选择合适的楼梯形式。开间与进深均较大时，可以选择双分式平行楼梯。进深较大而开间较小时，可以选择双跑平行楼梯。进深不大且与开间尺寸接近时，可以选择三跑楼梯。

根据楼梯间的开间、楼梯形式、楼梯的使用要求确定梯段宽度。根据各层踏步数量、楼梯形式等，确定各梯段的踏步数量。各层踏步数量宜为偶数。如果为奇数，每层的两个梯段的踏步数量相差一步。

根据踏步尺寸、各梯段的踏步数量，可以计算梯段长度与高度。

梯段高度=该梯段踏步数量（n）×踏步高度（h）

梯段长度=[该梯段踏步数量（n）-1]×踏步宽度（b）

8.1.18　五金件尺寸

8.1.18.1　基本知识

五金件尺寸见表 8-26。

表 8-26　五金件尺寸

项目	解　说
浴巾架	一般装在浴缸外边，离地高度大约为 1.8m。上层放置浴巾，下管可挂毛巾
双杆毛巾架	可以装在卫生间中央部位的空旷的墙壁上，单独安装时离地大约为 1.5m

续表

项目	解　说
单杆毛巾架	可以装在卫生间中央部位的空旷的墙壁上，离地大约为 1.5m
毛巾杆安装高度与规格	（1）毛巾杆距地高为 1100～1200mm （2）单杆毛巾架离地一般大约为 1.5m （3）毛巾环距地高为 900～1400mm （4）毛巾架底座最下端与盥洗槽台面的距离大约为 55cm （5）浴缸浴巾架安装在浴缸的上方，一般在水龙头的对面距地高大约为 1600mm （6）毛巾杆长度有 50cm、60cm、80cm、100cm 等规格
马桶刷	装在马桶后侧方的墙壁上，杯底离地大约为 10cm
单层置物架（化妆架）	安装在洗脸盆上方、化妆镜的下部，离脸盆高度大约为 30cm 为宜
衣钩	可以安装在浴室外边的墙壁上，离地大约为 1.7m 的高度
墙角玻璃架	主要安装在洗衣机上方的墙角上，架面与洗衣机的间距大约为 35cm 为宜，用于放置洗衣粉、肥皂、洗涤剂之类，也可以安装在厨房内的墙角上，放置油、酒及调味品。可以视空间位置组合安装多个墙角架
纸巾架	可以安装在马桶侧，用手容易够到，且不太明显的地方，一般离地大约为 60cm 为宜
房门合页的安装长度	一般房门安装两个长度大约为 100mm 的合页。实心门或者凹凸造型门必须安装三个合页，或安装两个长度大约为 125mm 的合页
门锁安装后其把手距地距离	门锁安装后其把手距地 900～1000mm

8.1.18.2　图例

常用五金件尺寸图例如图 8-2 所示。

8.1.18.3　技巧一点通

五金件的高度首先需要根据主要使用人的平均身高来进行安装。如果觉得这样比较麻烦，则可以根据经验高度来设计安装。

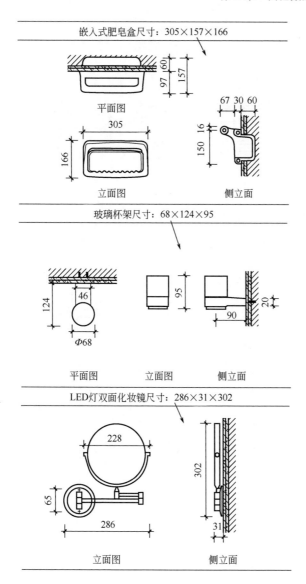

注：图中仅为示例尺寸，可以根据实际情况选择合适的卫浴五金配件

图 8-2

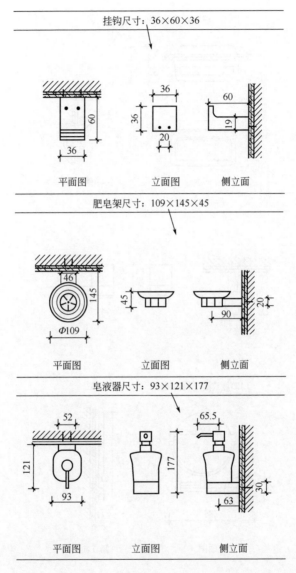

挂钩尺寸：36×60×36

平面图　　　　　立面图　　　　　侧立面

肥皂架尺寸：109×145×45

平面图　　　　　立面图　　　　　侧立面

皂液器尺寸：93×121×177

平面图　　　　　立面图　　　　　侧立面

注：图中仅为示例尺寸，可以根据实际情况选择合适的卫浴五金配件

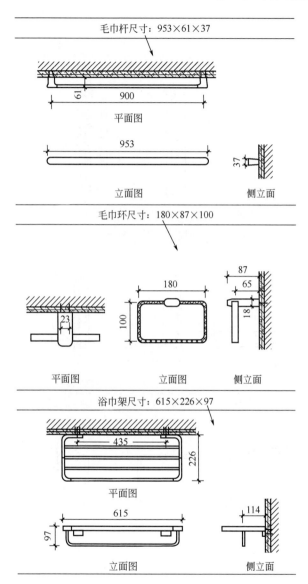

毛巾杆尺寸：953×61×37

61　900

平面图

953

立面图　　　侧立面

37

毛巾环尺寸：180×87×100

87

65

180

100

23

18

平面图　　　立面图　　　侧立面

浴巾架尺寸：615×226×97

435

226

平面图

615

97

114

立面图　　　侧立面

注：图中仅为示例尺寸，可以根据实际情况选择合适的卫浴五金配件

图 8-2

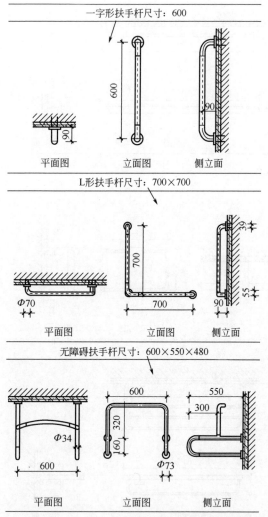

一字形扶手杆尺寸：600

平面图　立面图　侧立面

L形扶手杆尺寸：700×700

平面图　立面图　侧立面

无障碍扶手杆尺寸：600×550×480

平面图　立面图　侧立面

注：图中仅为示例尺寸，可以根据实际情况选择合适的卫浴五金配件

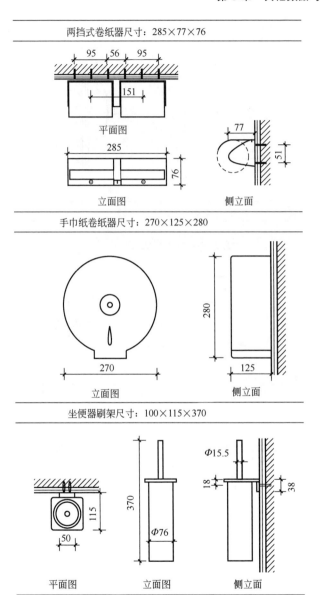

两挡式卷纸器尺寸：285×77×76

95　56　95

151

平面图

285

76

77

51

立面图　　　　侧立面

手巾纸卷纸器尺寸：270×125×280

280

270

125

立面图　　　　侧立面

坐便器刷架尺寸：100×115×370

115

50

370

Φ76

Φ15.5

18

38

平面图　　　立面图　　　侧立面

注：图中仅为示例尺寸，可以根据实际情况选择合适的卫浴五金配件

图 8-2

晾衣绳架尺寸：90×54×90

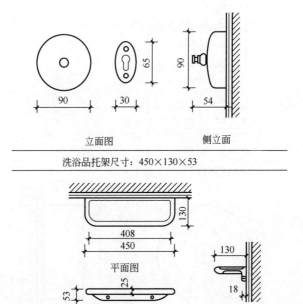

立面图　　　　　　　　侧立面

洗浴品托架尺寸：450×130×53

立面图　　　　　　　　侧立面

单挡式卷纸器尺寸：140×36×45

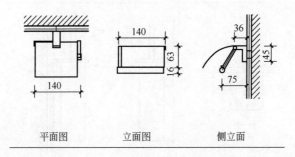

平面图　　　　　立面图　　　　　　侧立面

注：图中仅为示例尺寸，可以根据实际情况选择合适的卫浴五金配件

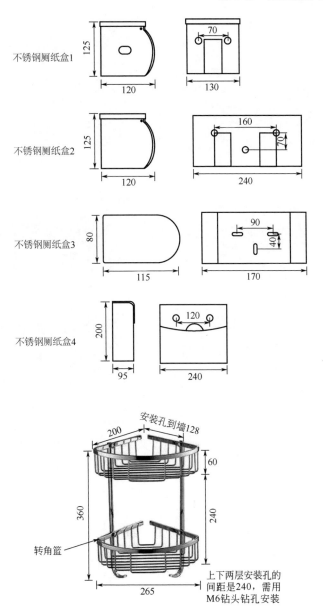

不锈钢厕纸盒1

不锈钢厕纸盒2

不锈钢厕纸盒3

不锈钢厕纸盒4

转角篮

安装孔到墙128

上下两层安装孔的间距是240，需用M6钻头钻孔安装

图 8-2

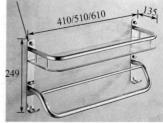

单层带钩置物架

单层双杆带钩置物架

双层带钩置物架

三层双杆带钩置物架

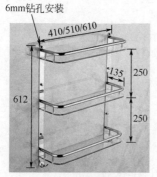

三层带钩置物架

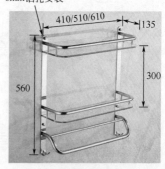

双层双杆带钩置物架

图8-2　常用五金件尺寸图例（单位：mm）

8.1.19 升降晾衣架有关数据与尺寸

目前，升降晾衣架比较多，尺寸大多为 1.5m、2.4m、2.7m、2.8m、3.0m 等几种。升降绳一般采用 7×7 股且直径为 1.2～1.8mm 的金属绳。升降衣架的高度一般为 100～170cm 之间。

安装升降晾衣架，主要有晾衣杆，升降衣架，顶座、钢丝绳、转角器、手摇器等。一般安装时有两根晾衣杆，晾衣杆间的距离需要根据房子阳台的实际宽度来确定，一般情况下距离为 45～50cm。宽敞的阳台则可以适当地放宽距离。安装晾衣杆首先要安装晾衣杆上的吊球，吊球的距离一般为 1.5～2m。手摇器高度一般由主人来确定，一般离地大约为 100cm。

安装升降晾衣架顶座不要贴近阳台的灯具。以灯为中心测量阳台长度，晾衣杆应离阳台顶灯至少有 80～100cm 的距离。安装转角时需要注意：转角与活动顶座要有 50～70cm 的距离，并且顶座中间形成 45° 的转角。

具体型号、类别的升降晾衣架安装要求与方法可能存在差异，需要根据实际情况来确定。

8.1.20 普通型合页尺寸与允许偏差

8.1.20.1 基本知识

（1）普通型合页尺寸见表 8-27。

表 8-27 普通型合页尺寸

系列编号	合页长度 L/mm		合页厚度 T/mm	每片页片最少螺孔数/个
	Ⅰ组	Ⅱ组		
A35	88.90	90.00	2.50	3
A40	101.60	100.00	3.00	4
A45	114.30	110.00	3.00	4

续表

系列编号	合页长度 L/mm		合页厚度 T/mm	每片页片最少螺孔数/个
	I组	II组		
A50	127.00	125.00	3.00	4
A60	152.40	150.00	3.00	5
B45	114.30	110.00	3.50	4
B50	127.00	125.00	3.50	4
B60	152.40	150.00	4.00	5
B80	203.20	200.00	4.50	7

注：1. 系列编号中 A 为中型合页，B 为重型合页，后跟两个数字表示合页长度，35=3½in（88.90mm），40=4in（101.60mm），以此类推。

2. I组为英制系列。II组为公制系列。

（2）普通型合页允许偏差见表 8-28。

表 8-28　普通型合页允许偏差

基本尺寸	极限偏差/mm
长度 L	0 −0.76
孔距 N	±0.13
厚度 T	±0.20
宽度 W	±0.38

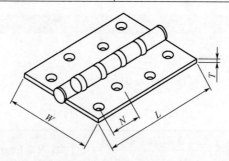

注：孔距为相邻两孔之间的中心距离。

（3）普通型合页适用门质量见表 8-29。

表8-29　普通型合页适用门质量

系列编号	适用门质量/kg
A35	20
A40	27
A45	34
A50	45
A60	57
B45	68
B50	79
B60	104
B80	135

8.1.20.2　图例

常见普通型合页的尺寸如图8-3所示。

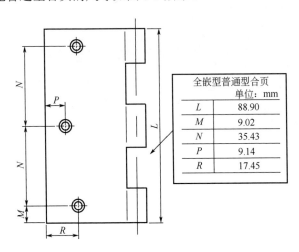

全嵌型普通型合页	
	单位：mm
L	88.90
M	9.02
N	35.43
P	9.14
R	17.45

图8-3

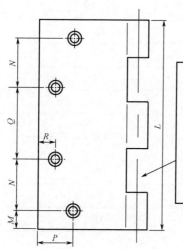

全嵌型普通型合页		
		单位：mm
L	114.30	127.0
M	12.90	12.90
N	28.58	31.75
P	25.40	25.40
Q	31.34	37.70
R	9.53	

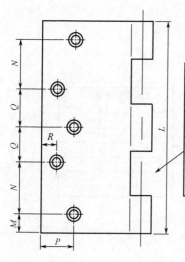

全嵌型普通型合页	
	单位：mm
L	152.40
M	12.70
N	32.54
P	23.80
Q	30.96
R	9.53

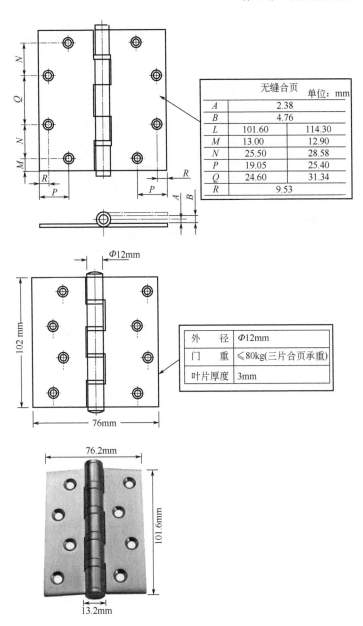

无缝合页		单位：mm
A	2.38	
B	4.76	
L	101.60	114.30
M	13.00	12.90
N	25.50	28.58
P	19.05	25.40
Q	24.60	31.34
R	9.53	

外　径	Φ12mm
门　重	≤80kg(三片合页承重)
叶片厚度	3mm

图 8-3　常见普通型合页的尺寸

8.1.21 锁有关数据与尺寸

8.1.21.1 基本知识

（1）弹子插芯门锁锁舌伸出长度要求见表 8-30。

表 8-30 弹子插芯门锁锁舌伸出长度要求

项目	双舌		双舌（铝、塑钢门）	双舌（钢门）	单舌
	斜舌	方舌、钩舌			
伸出长度/mm ≥	11	12.5	10	9	12

注：安装中心距不大于 18mm，锁舌伸出长度不小于 8mm。

（2）叶片插芯门锁锁舌伸出长度要求见表 8-31。

表 8-31 叶片插芯门锁锁舌伸出长度要求

项目		一挡开启	二挡开启	
			第一挡	第二挡
伸出长度/mm ≥	方舌	12	8	16
	斜舌	10		

（3）房门锁面板参考尺寸见表 8-32。

表 8-32 房门锁面板参考尺寸　　　　　单位：mm

风格	参考尺寸	常用尺寸
欧式古典	（210～230）×（45～55）	220×48
简欧	（190～210）×（45～50）	200×46
中式古典	（190～210）×（45～50）	200×46
现代	（170～190）×（45～50）	180×46

（4）大门锁面板参考尺寸见表 8-33。

表 8-33　大门锁面板参考尺寸　　　　　单位：mm

风格	参考尺寸	常用尺寸
欧式古典	（280～350）×（50～65）	280×50
简欧	（260～300）×（45～50）	280×48
中式古典	（260～300）×（45～50）	280×48
现代	（250～280）×（45～50）	260×48

（5）豪华大门锁面板参考尺寸见表 8-34。

表 8-34　豪华大门锁面板参考尺寸　　　　单位：mm

风格	参考尺寸	常用尺寸
欧式古典	（550～650）×（60～85）	550×80
简欧	（450～600）×（60～80）	500×80
中式古典	（450～600）×（60～80）	500×80
现代	（400～500）×（60～80）	450×75

（6）分体锁与浴室锁挡盖参考尺寸见表 8-35。

表 8-35　分体锁与浴室锁挡盖参考尺寸　　　单位：mm

风格	参考尺寸	常用尺寸
欧式古典	$\Phi60\sim\Phi65$	$\Phi63$
简欧	$\Phi60\sim\Phi65$	$\Phi63$
中式古典	$\Phi60\sim\Phi65$	$\Phi63$
现代	$\Phi50\sim\Phi60$	$\Phi55$

（7）移门锁面板参考尺寸见表 8-36。

表 8-36　移门锁面板参考尺寸　　　单位：mm

风格	参考尺寸	常用尺寸
欧式古典	（180～230）×（45～50）	200×45
简欧	（160～200）×（40～45）	170×40
中式古典	（160～200）×（40～45）	170×40
现代	（150～180）×（40～45）	155×40

8.1.21.2　图例

　　选择门锁，需要注意适配门厚度、中心距、锁边距等。例如图 8-4 所示几款门锁适配门厚度为 35～45mm、中心距为 58mm/50mm、锁边距为 45mm。

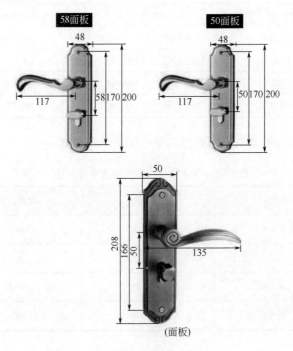

（面板）

图 8-4　几款门锁适配门（单位：mm）

常用门锁的尺寸如图 8-5 所示。

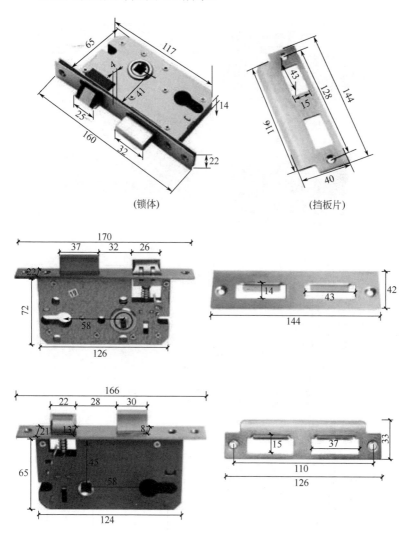

(锁体)　　　　　　　　(挡板片)

图 8-5

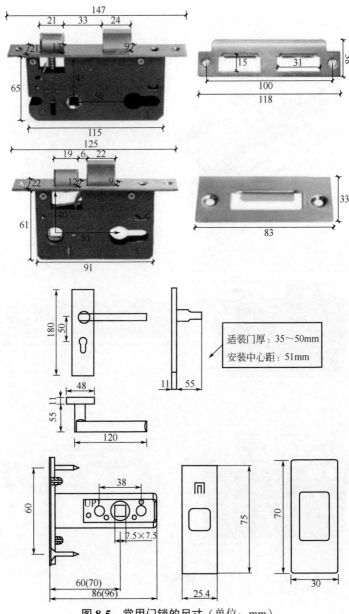

图 8-5 常用门锁的尺寸（单位：mm）

8.1.22 门吸有关数据与尺寸

常用门吸尺寸与安装有关数据如图 8-6 所示。

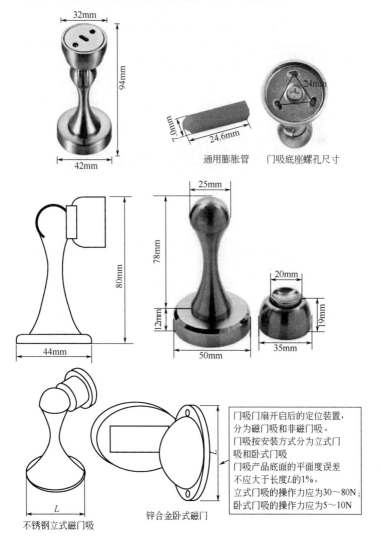

通用膨胀管　　门吸底座螺孔尺寸

不锈钢立式磁门吸　　锌合金卧式磁门

门吸门扇开启后的定位装置，分为磁门吸和非磁门吸。
门吸按安装方式分为立式门吸和卧式门吸
门吸产品底面的平面度误差不应大于长度L的1%。
立式门吸的操作力应为30~80N；
卧式门吸的操作力应为5~10N

图 8-6　常用门吸尺寸与安装有关数据

8.1.23 壁纸壁布有关数据与尺寸

（1）壁纸壁布规格数据与尺寸见表 8-37。

表 8-37　壁纸壁布规格数据与尺寸

项目	解　说
大卷	门幅宽为 920～1200mm，长大约为 60m，每卷为 40～90m^2
中卷	门幅宽为 760～900mm，长为 25～50m，每卷为 20～45m^2
小卷	门幅宽为 530～600mm，长为 10～12m，每卷为 5～6m^2
其他规格	其他规格尺寸由供需双方协商或以标准尺寸的倍数

（2）壁纸中的有害物质限量值见表 8-38。

表 8-38　壁纸中的有害物质限量值

有害物质名称		限量值/（mg/kg）
重金属（或其他）元素	钡	≤1000
	镉	≤25
	铬	≤60
	铅	≤90
	砷	≤8
	汞	≤20
	硒	≤165
	锑	≤20
甲醛		≤120
氯乙烯单体		≤1.0

8.1.24 水溶性内墙涂料质量与技术要求

水溶性内墙涂料质量与技术要求见表 8-39。

表8-39　水溶性内墙涂料质量与技术要求

性能项目	质量与技术要求	
	一类	二类
白度/%	≥80	
附着力/%	100	
耐干擦性/级	—	≤1
耐洗刷性/次	≥300	—
黏度/s	30～75	
细度/μm	≤100	
遮盖力/（g/m²）	≤300	

8.1.25　溶剂型混色涂料质量与技术要求

溶剂型混色涂料质量与技术要求见表8-40。

表8-40　溶剂型混色涂料质量与技术要求

项　目		限量值		
		硝基漆类	聚氨酯漆类	醇酸漆类
挥发性有机化合物/（g/L）≤		750	光泽（60°）≥80, 600 光泽（60°）<80, 700	550
重金属漆（限色漆）/（mg/kg）≤	可溶性铅	90		
	可溶性镉	75		
	可溶性铬	60		
	可溶性汞	60		
苯/%≤		0.5		
苯和二甲苯总和/%≤		45	40	10
游离甲苯二异清酸酯/%≤		—	0.7	—

8.1.26 玻璃有关数据与尺寸

（1）玻璃是现代室内装饰的主要材料之一。玻璃是以石英砂、纯碱、石灰石等无机氧化物为主要原料，与某些辅助性原料经高温熔融成型后经过冷却而成的固体。

玻璃的品种很多，不同品种玻璃的遮阳系数见表 8-41。

表 8-41　不同品种玻璃的遮阳系数

品种	热反射玻璃	热反射双层中空玻璃	双面青铜色热反射玻璃	透明浮法玻璃	茶色吸热玻璃
厚度/mm	8	—	8	8	8
遮阳系数	0.60～0.75	0.24～0.49	0.58	0.99	0.77

（2）吸热玻璃的生产是在普通钠-钙硅酸盐玻璃中加入有着色作用的氧化物，或在玻璃表面喷涂氧化钴、氧化铁等有色氧化物薄膜，使玻璃带色，并具有较高的吸热性能。

吸热玻璃根据颜色分为古铜色、金色、灰色、茶色、绿色、棕色、蓝色等。根据成分分为硅酸盐吸热玻璃、光致变色玻璃、磷酸盐吸热玻璃、镀膜玻璃等。

普通玻璃与吸热玻璃的热工性能比较见表 8-42。

表 8-42　普通玻璃与吸热玻璃的热工性能比较

品　种	透过热值/（W/m²）	透热率/%
蓝色吸热玻璃（3mm）	551	62.70
蓝色吸热玻璃（6mm）	423	49.20
普通玻璃（3mm）	726	82.56
普通玻璃（6mm）	663	75.53

8.1.27 常用塑胶材料一般使用的壁厚范围

常用塑胶材料一般使用的壁厚范围见表 8-43。

表 8-43 常用塑胶材料一般使用的壁厚范围

材料名称	壁厚/mm
ABS	1.5~4.5
PA	0.6~3.0
PC	1.5~5.0
PE	0.9~4.0
PP	0.6~3.5

8.2 装修装饰质量要求数据

8.2.1 室内贴面砖允许偏差

室内贴面砖允许偏差见表 8-44。

表 8-44 室内贴面砖允许偏差

项目	允许偏差/mm 用于外墙面砖	检验方法
表面平整度	2	可以用 2m 直尺与塞尺来检查
接缝高低差	0.5	可以用钢直尺与塞尺来检查
接缝宽度	1	可以用钢直尺来检查
接缝直线度	1	拉 5m 线,不足 5m 拉通线,可以用钢直尺来检查
立面垂直度	2	可以用 2m 垂直检测尺来检查
阴阳角方正度	2	可以用直角检测尺来检查

8.2.2 墙面铺装的允许偏差

墙面铺装的允许偏差与检验方法应符合表 8-45 的规定。

表 8-45　墙面铺装的允许偏差与检验方法

项　目	允许偏差/mm				检验方法
	墙砖	石材	木材	金属	
立面垂直度	2	3	1.5	2	使用建筑用电子水平尺检查
表面平整度	3	4	1	3	使用建筑用电子水平尺检查
接缝高低差	0.5	1	0.5	1	使用钢直尺、塞尺检查
接缝宽度	1	1	1	1	使用钢尺检查
阴阳角方正度	3	3	1.5	3	使用直角尺检查
接缝直线度	2	3	1	1	拉 5m 线，不足 5m 拉通线，使用钢直尺检查

8.2.3　普通抹灰工程质量的允许偏差

普通抹灰工程质量的允许偏差见表 8-46。

表 8-46　普通抹灰工程质量的允许偏差

项目	允许偏差/mm	检验方法
表面平整度	3	可以用 2m 靠尺与塞尺检查
分格条（缝）直线度	3	拉 5m 线，不足 5m 拉通线，可以用钢直尺检查
立面垂直度	3	可以用 2m 垂直检测尺检查
墙裙、勒脚上口直线度	3	拉 5m 线，不足 5m 拉通线，可以用钢直尺检查
阴阳角方正度	3	可以用直角检测尺检测

8.2.4　高级抹灰工程质量的允许偏差

高级抹灰工程质量的允许偏差见表 8-47。

表 8-47　高级抹灰工程质量的允许偏差

项目	允许偏差/mm	检验方法
表面平整度	2	可以用 2m 靠尺与塞尺检查
分格条（缝）直线度	2	拉 5m 线，不足 5m 拉通线，可以用钢直尺检查

续表

项目	允许偏差/mm	检验方法
立面垂直度	2	可以用 2m 垂直检测尺检查
墙裙、勒脚上口直线度	2	拉 5m 线，不足 5m 拉通线，可以用钢直尺检查
阴阳角方正度	2	可以用直角检测尺检测

8.2.5　石材、地面砖铺装的允许偏差

石材、地面砖铺装的允许偏差和检验方法应符合表 8-48 的规定。

表 8-48　石材、地面砖铺装的允许偏差和检验方法

项目	允许偏差/mm		检验方法
	瓷砖面层	石材面层	
表面平整度	2	1	使用建筑用电子水平尺检查
缝格平直	3	2	拉 5m 线，使用钢尺检查
接缝高低差	0.5	0.5	使用钢尺和楔形塞尺检查
踢脚线上口平直	3	1	拉 5m 线，使用钢尺检查
板块间隙宽度	2	1	使用钢尺检查
厨房、卫生间排水坡度	2	2	使用建筑用电子水平尺检查

8.2.6　木（竹）地板铺装的允许偏差

木（竹）地板铺装的允许偏差与检验方法需要符合表 8-49 的规定。

表 8-49　木（竹）地板铺装的允许偏差与检验方法

项目	允许偏差/mm				检验方法
	拼花木板	松木地板	硬木地板	复合地板竹地板	
板面缝隙宽度	0.2	1	0.5	0.5	使用钢尺检查
表面平整度	2	3	2	2	使用建筑用电子水平尺检查

续表

项目	允许偏差/mm				检验方法
	拼花木板	松木地板	硬木地板	复合地板竹地板	
踢脚线上口齐平	3	3	3	3	拉 5m 线, 不足 5m 拉通线, 使用尺量检查
板面拼缝平直	3	3	3	3	
相邻板材高低差	0.5	0.5	0.5	0.5	使用钢尺与塞尺检查

8.2.7 木地板地面工程允许偏差或允许值

木地板地面工程允许偏差或允许值见表 8-50。

表 8-50 木地板地面工程允许偏差或允许值

项　　目		允许偏差或允许值/mm
表面平整度	拼花、硬木地板	2.0
	松木地板	3.0
板面拼缝平直		3.0
踢脚线上口平齐		3.0
踢脚线与面层接缝		1.0
相邻板材高差		0.5
板面缝隙宽度	拼花地板	0.2
	硬木地板	0.5
	松木地板	1.0

8.2.8 地砖地面工程允许偏差或允许值

地砖地面工程允许偏差或允许值见表 8-51。

表 8-51 地砖地面工程允许偏差或允许值

项 目		允许偏差或允许值/mm
表面平整度	缸砖	4.0
	水泥花砖	3.0
	陶瓷锦砖、陶瓷地砖	2.0
踢脚线上口平直	陶瓷锦砖、陶瓷地砖、水泥花砖	3.0
	缸砖	4.0
接缝高低差	陶瓷锦砖、陶瓷地砖、水泥花砖	0.5
	缸砖	1.5
	水泥花砖	0.5
缝格平直		3.0
板块间隙宽度		2.0

8.2.9 暗龙骨吊顶工程安装的允许偏差

暗龙骨吊顶工程安装的允许偏差与检验方法需要符合表 8-52 的规定。

表 8-52 暗龙骨吊顶工程安装的允许偏差与检验方法

项目	允许偏差/mm				检验方法
	石膏板	金属板	矿棉板	木板、塑料板、玻璃板	
表面平整度	3	2	2	2	使用电子水平尺检查
接缝高低差	1	1	1.5	1	使用钢尺、塞尺检查
接缝直线差	3	1.5	3	3	拉 5m 通线,使用钢尺检查

8.2.10 明龙骨吊顶工程安装的允许偏差

明龙骨吊顶工程安装的允许偏差与检验方法需要符合表 8-53 的规定。

表 8-53 明龙骨吊顶工程安装的允许偏差与检验方法

项 目	允许偏差/mm				检验方法
	石膏板	金属板	矿棉板	木板、塑料板、玻璃板	
表面平整度	3	2	2	2	使用电子水平尺检查
接缝高低差	1	1	1	1	使用钢尺、塞尺检查
接缝直线差	3	2	2	3	拉 5m 通线,使用钢尺检查

⛰️ 8.2.11 花饰安装的允许偏差

花饰安装的允许偏差见表 8-54。

表 8-54 花饰安装的允许偏差

项 目		允许偏差/mm		检验方法
		室内	室外	
条形花饰的水平度或垂直度	每米	1	2	可以拉线与用 1m 垂直检测尺来检查
	全长	3	6	
单独花饰中心位置偏移		10	15	可以拉线与用钢尺来检查

主要参考文献

［1］阳鸿钧，等．轻松搞定家装水电选材用材［M］．北京：中国电力出版社，2016．

［2］阳鸿钧，等．家装水电一点通［M］．北京：机械工业出版社，2016．

［3］阳鸿钧，等．全彩支招水电建材全能通［M］．北京：机械工业出版社，2017．

［4］阳鸿钧，等．水电工技能数据随时查［M］．北京：化学工业出版社，2017．

［5］GB/T 3326—2016．

［6］GB/T 3327—2016．

［7］GB 10000—1988．

［8］QB/T 4595.1—2013．

［9］12YJ4-1．

［10］GB/T 3328—2016．